勇敢的"芯"系列丛书

FPGA 从入门到精通

实战篇　　至芯科技教研组 编著

U0217730

电子工业出版社
Publishing House of Electronics Industry
北京·BEIJING

内 容 简 介

本书由至芯科技教研组从各大高校的授课内容中整理而来，是为初学者量身定制的 FPGA 入门教材，从基础的软件安装、工具使用、语法解释、设计方法、常用 IP，到最后的设计技巧及大量的进阶实例，内容环环相扣，为初学者建立了一个比较清晰的学习路径。"设计思路及方法"为本书的重点强调内容，它作为一条主线贯穿始终。初学者只有掌握了正确的学习和设计方法，才能在数字逻辑设计领域越走越远。

本书没有收录过多烦琐的理论，一切从实战出发，按照一套相对高效的设计方法直接切入一个个小的实例。

本书内容由浅入深，适合作为可编程逻辑器件初学者的入门和进阶教材，也适合作为电子信息、计算机等专业的本科生、研究生，以及具有一定电子专业知识背景的电子工程师的参考用书。

未经许可，不得以任何方式复制或抄袭本书之部分或全部内容。

版权所有，侵权必究。

图书在版编目（CIP）数据

FPGA 从入门到精通. 实战篇 / 至芯科技教研组编著. —北京：电子工业出版社，2021.1
（勇敢的"芯"系列丛书）
ISBN 978-7-121-39976-3

Ⅰ. ①F⋯　Ⅱ. ①至⋯　Ⅲ. ①可编程序逻辑阵列—系统设计　Ⅳ. ①TP332.1

中国版本图书馆 CIP 数据核字（2020）第 227977 号

责任编辑：张　楠
印　　刷：河北鑫兆源印刷有限公司
装　　订：河北鑫兆源印刷有限公司
出版发行：电子工业出版社
　　　　　北京市海淀区万寿路 173 信箱　　邮编：100036
开　　本：787×1 092　1/16　印张：16.75　字数：429 千字
版　　次：2021 年 1 月第 1 版
印　　次：2021 年 1 月第 1 次印刷
定　　价：69.00 元

凡所购买电子工业出版社图书有缺损问题，请向购买书店调换。若书店售缺，请与本社发行部联系，联系及邮购电话：(010) 88254888，88258888。

质量投诉请发邮件至 zlts@phei.com.cn，盗版侵权举报请发邮件至 dbqq@phei.com.cn。

本书咨询联系方式：(010) 88254579。

◇ 前　言 ◇

　　本书是由至芯科技教研组推出的 FPGA 基础入门教材。其内容深入浅出，从最基础的语法到进阶的端口驱动开发，所有的设计都紧紧围绕着"设计思路及方法"这样的一条主线进行。

　　本书内容全部取材于至芯科技教研组在各大高校的具体授课内容，设计流程规范，知识总结精练。在每个项目中都给出了具体的设计目的、设计原理、系统架构、各模块端口的说明及具体模块的代码等，可以有效地帮助初学者快速进行 FPGA 设计。

本书特点

◇ 教学内容全部以实例形式呈现，在动手实现实际项目的过程中掌握常用的语法、设计方法、通用接口及 FPGA 设计过程中的设计技巧。

◇ 本书由至芯科技教研组编写，在内容编写过程中融入了大量的工程实战经验，各代码模块的实用性强、可移植性强，大部分功能模块可直接迁移到其他设计中，从而有效缩短二次开发周期。

　　至芯科技教研组根据多年的项目研发和教学经验，将项目设计研发中需要用到的一些开发技巧和学习方法尽可能体现在每一个实例中。通过本书的学习，读者不但可以掌握常用的 FPGA 接口和外设驱动方式。更重要的是，通过理解和练习，读者可以建立一套完整、规范的开发设计流程，以便助力之后的项目开发。

　　为了方便大家阅读，在本书中引入一位与大家一起学习的伙伴——小芯，它将与大家一起进行 FPGA 的学习。

感谢

本书是在至芯科技教研组于 2016 年出版的《你好 FPGA：一本可以听的入门书》基础上改编而来的，因此，特别感谢王建飞、刘春玲、李茁、崔智军、寇飞强、郝旭帅、陈飞龙等为本书所做的贡献。

由于编者水平和时间限制，书中难免存在不妥之处，敬请广大读者予以指正和帮助。

编　者

2020 年 6 月

◇ 目　录 ◇

第 1 章

没有金刚钻，不揽瓷器活

1.1 Quartus II 19.1——易学易用的编译器

从本章起，小芯将和大家一起正式进行 FPGA 课程的学习。正所谓"没有金刚钻，不揽瓷器活"，在开始学习之前，大家应该选择并安装好自己的开发工具。小芯推荐给大家的开发工具是 Quartus II 19.1。

在 Quartus II 19.1 的安装包中包含 3 个安装文件，分别为 ModelSimSetup、QuartusHelpSetup、QuartusLiteSetup，以及一些常用的 Altera 器件库。

图 1.1

Quartus II 19.1 的安装步骤如下。

❶ 双击 QuartusLiteSetup 选项，弹出如图 1.2 所示的界面。

图 1.2

❷ 单击 Next 按钮，弹出如图 1.3 所示的界面。

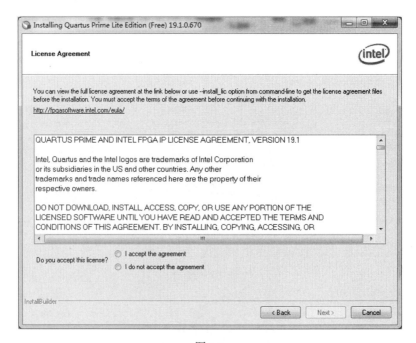

图 1.3

❸ 选中 I accept the agreement 单选按钮，单击 Next 按钮，弹出如图 1.4 所示的界面。

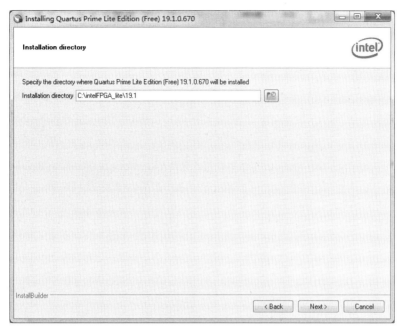

图 1.4

❹ 可以根据自己的需要修改软件的安装路径。在这里，小芯将路径改为 D:\quartus19.1，如图 1.5 所示。

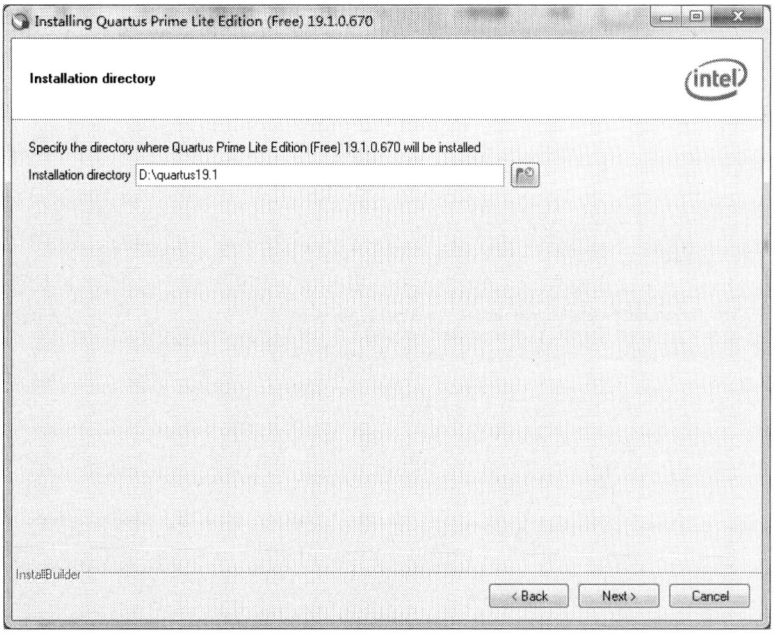

图 1.5

小芯温馨提示

文件所在路径不能包含任何中文字符或汉字。

❺ 单击 Next 按钮，弹出如图 1.6 所示的界面。

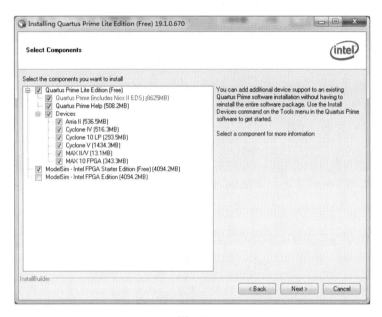

图 1.6

❻ 通过图 1.6 可以看出，安装软件已自动选中所需的编译软件 Quartus、仿真工具 ModelSim 和常用器件库，直接单击 Next 按钮即可，将弹出如图 1.7 所示的界面。

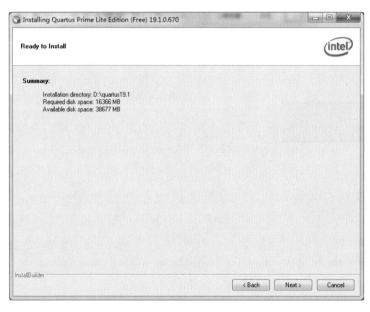

图 1.7

❼ 单击 Next 按钮，弹出如图 1.8 所示的界面。通过进度条可以了解软件的安装进度。安装过程比较缓慢，大家不妨小憩一会儿。

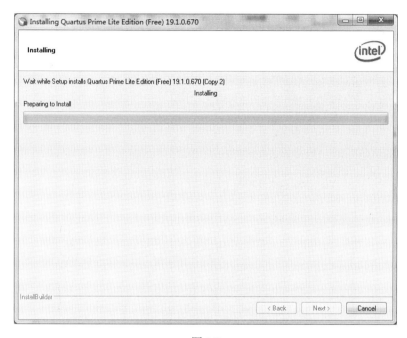

图 1.8

❽ 在弹出如图 1.9 所示的界面时，说明软件已安装完成。单击 Finish 按钮，将弹出设备驱动程序的安装界面，如图 1.10 所示。

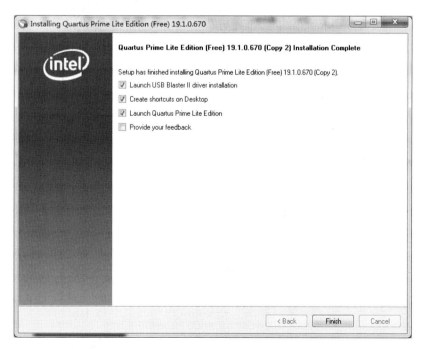

图 1.9

图 1.10

❾ 单击"下一步"按钮，设备驱动程序将自动开始安装。安装完成的界面如图 1.11 所示。

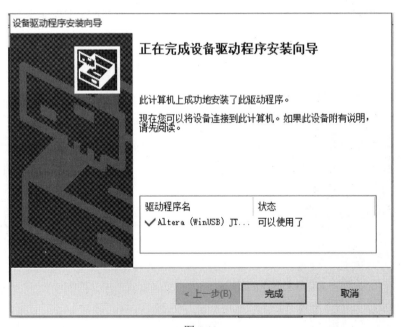

图 1.11

❿ 单击"完成"按钮，软件"靓照"将会出现在眼前，如图 1.12 所示。

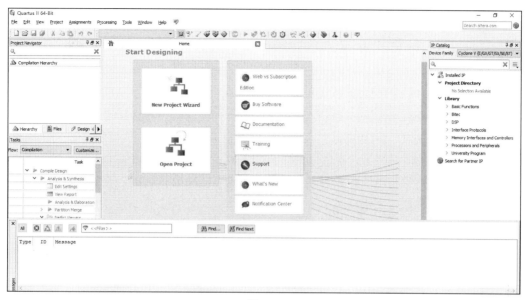

图 1.12

小芯温馨提示

　　在联网的情况下，单击 Support 按钮，将会弹出很多资料。大家可通过这些资料查阅相关知识点，如图 1.13 所示。

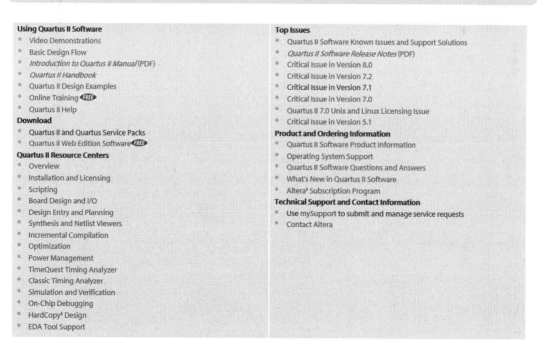

图 1.13

1.2 ModelSim——独具慧眼的仿真工具

通过上一节的操作，我们已将 ModelSim 安装好了。大家一定会问，ModelSim 软件的功能是什么呢？先来问大家一个问题：假设有一块硬件电路板已设计完成，但是不知道硬件电路板的功能是否正常，此时应该怎么做呢？答案很简单，就是进行"测试"，即给电路板上电后，输入一定的测试信号，观察电路板将产生何种输出结果。如果输出结果和输入信号的对应关系正确，则说明电路板没问题，反之，则说明电路板有问题，甚至还能通过这种方式确定是哪一部分出现了问题。

测试代码的过程与测试硬件电路板的流程类似。通过硬件描述语言将代码编写完成后，可等效于在 FPGA 内实现了一个硬件电路块。为了测试这个电路块能否按照我们的预期进行工作，需要对它进行测试。ModelSim 就是这样一个仿真工具，只要对其进行编程，就可在模拟环境下输入各种复杂的信号，利用软件提供的显示界面和窗口，可方便地查看所有信号的电平变化，以便迅速定位问题所在，真可谓是"独具慧眼"。

1.3 级联调试实战演练

尽管开发工具 Quartus 和仿真工具 ModelSim 都已安装完毕，但是这两个工具如何使用呢？下面小芯将通过一个简单的计数器工程介绍这两个工具的使用方式。

1. 新建工程

❶ 新建一个文件夹，并为新的文件夹重命名。在这里，小芯将文件夹命名为 counter，如图 1.14 所示。

❷ 打开 counter 文件夹，并在该文件夹中新建 4 个子文件夹，分别为 doc、prj、sim、src，如图 1.15 所示。其中，doc 文件夹用于存放本次设计的设计文档及参考文件；prj 为工程文件夹，用于保存在 Quartus 软件中新建工程时的工程文件；sim 用于保存测试文件；src 用于保存设计文件。

小芯温馨提示

良好的设计风格及代码风格会为设计工作加分！

❸ 在准备工作完成后，打开 Quartus 软件，如图 1.16 所示。

❹ 选择"File→New Project Wizard"，弹出如图 1.17 所示的对话框（用于创建一个新的工程）。

图 1.14

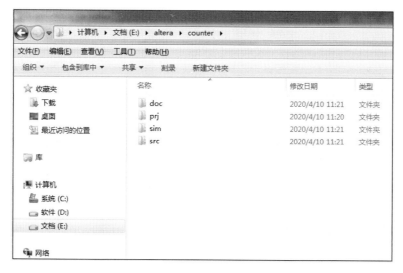

图 1.15

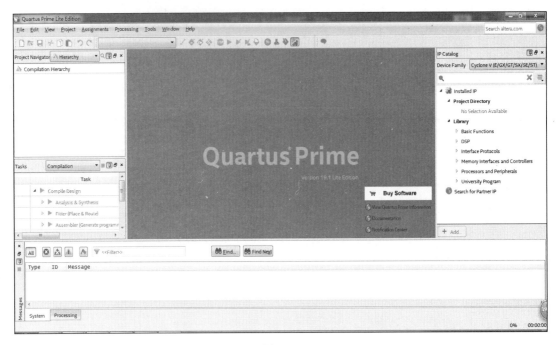

图 1.16

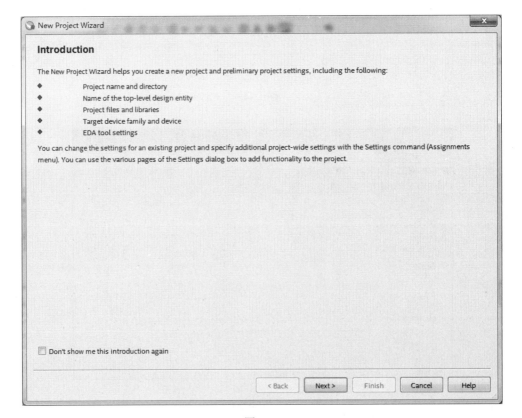

图 1.17

❺ 单击 Next 按钮，弹出如图 1.18 所示的对话框。在选择工程所在路径，以及为工程命名后（建议：工程名称最好和文件夹名称一致），效果如图 1.19 所示。

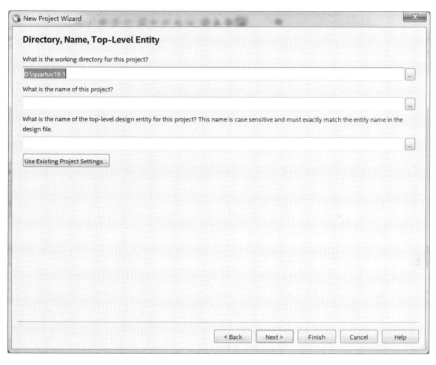

图 1.18

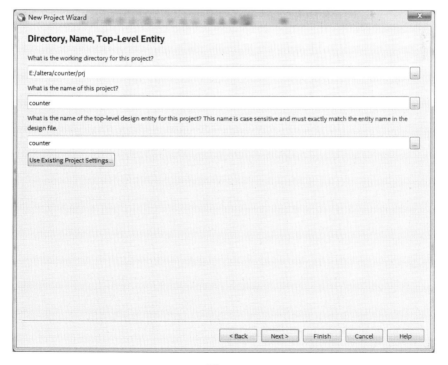

图 1.19

❻ 单击 Next 按钮，弹出如图 1.20 所示的对话框。

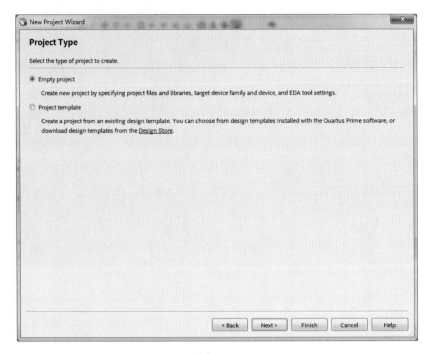

图 1.20

❼ 单击 Next 按钮，弹出如图 1.21 所示的对话框。

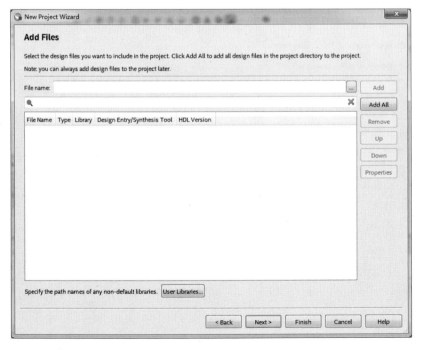

图 1.21

❽ 在图 1.21 中，可添加工程文件夹中已有的文件。因为目前该文件夹中还没有文件，所以可忽略这一步，直接单击 Next 按钮，弹出如图 1.22 所示的对话框。

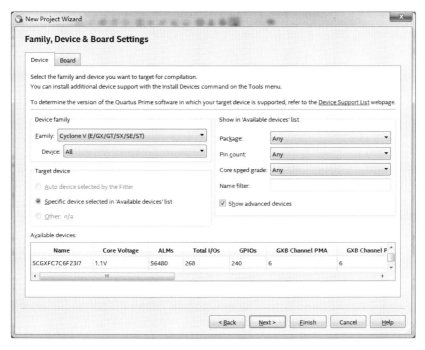

图 1.22

❾ 在图 1.22 中，可以选择芯片的具体型号，小芯选择的芯片型号如图 1.23 所示。

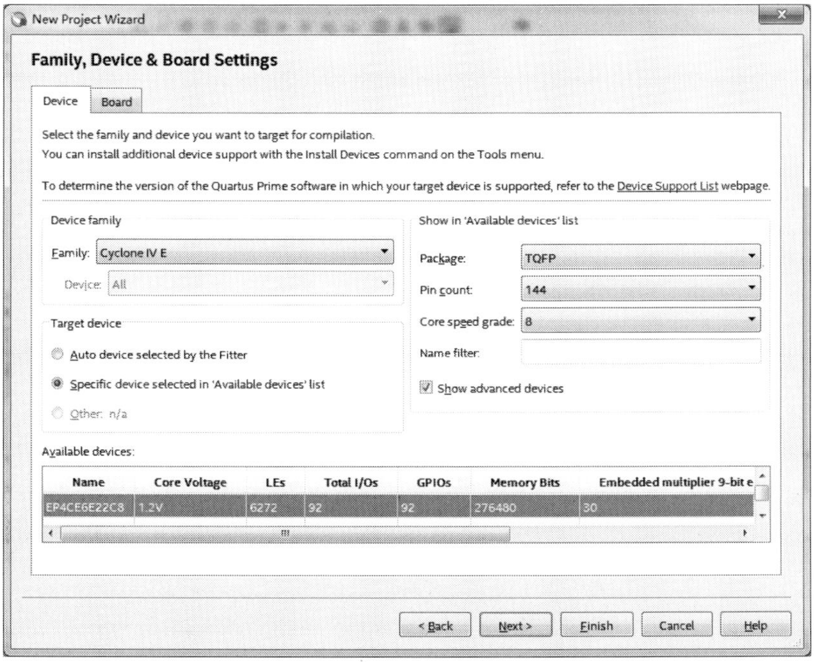

图 1.23

⓾ 单击 Next 按钮，弹出如图 1.24 所示的对话框。

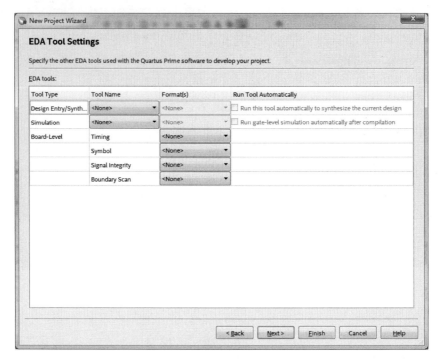

图 1.24

⓫ 在图 1.24 中可选择仿真工具和语言，效果如图 1.25 所示。

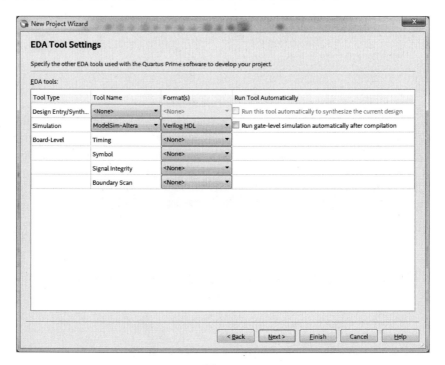

图 1.25

⑫ 单击 Next 按钮，将弹出工程设置报告，如图 1.26 所示。

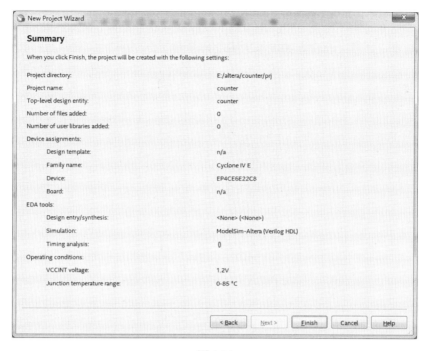

图 1.26

⑬ 单击 Finish 按钮，完成工程的创建，效果如图 1.27 所示。

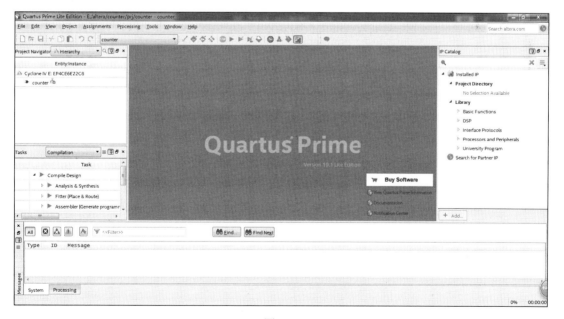

图 1.27

2. 新建文本编辑器

通过以上操作，即可创建一个新的工程。如果需要继续操作，如录入代码，则需要新建一个文本编辑器。新建一个文本编辑器的操作步骤如下。

❶ 选择"File→New"，弹出如图 1.28 所示的对话框。

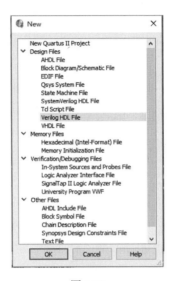

图 1.28

❷ 选中 Verilog HDL File 选项，单击 OK 按钮即可新建一个文本编辑器，弹出如图 1.29 所示的界面。

图 1.29

❸ 将新建的文本编辑器另存到指定的文件夹 src 中：选择 "File→Save As"，弹出"另存为"对话框。将其保存到新建的 src 文件夹中，单击"保存"按钮，如图 1.30 所示。

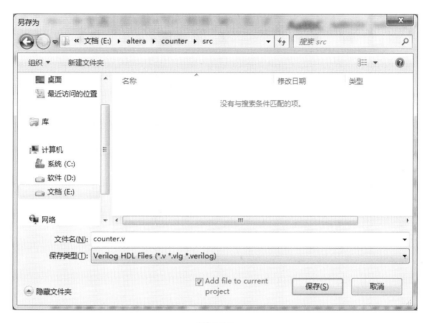

图 1.30

3. 编译代码

❶ 在新建文本编辑器后，就可以录入代码了，如图 1.31 所示。注意：小芯的目的只是教大家如何使用软件，所以在这里不再过多介绍代码的编写过程和方法。

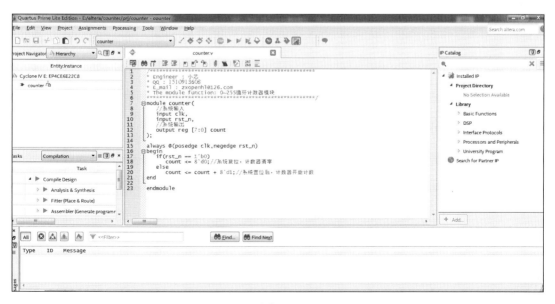

图 1.31

❷ 在代码编写完毕后，需要对其进行编译，以便检查是否存在语法错误。可通过按
"Ctrl+L" 组合键和 "Ctrl+K" 组合键对代码进行编译。编译后的效果如图 1.32 所示。

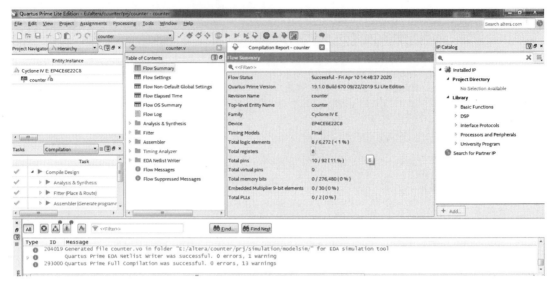

图 1.32

- 通过按 "Ctrl+L" 组合键可进行全编译：不但检查代码的语法，而且还会进行布局、布线，即将代码映射成具体的电路。如果需要将代码下载到开发板，则在下载之前必须进行一次全编译。全编译的时间相对较长。
- 通过按 "Ctrl+K" 组合键可进行普通编译：只检查语法错误，编译速度较快。在这里，小芯按 "Ctrl+K" 组合键进行普通编译。

❸ 编译结束后，系统会告诉使用者片内资源的使用情况。在图 1.32 中，可以发现最下面的报告栏中提示 "Quartus Prime EDA Netlist Writer was successful. 0 errors, 1 warning"，并且没有显示红色的错误报告，这就说明代码的语法正确。

4. 使用仿真工具

即便在编译代码时可顺利通过，也只能说明代码的语法正确，那逻辑是否正确呢？可以实现想要的功能吗？这就不得而知了，毕竟软件并不知道代码编写者的最终目的。此时可借助 ModelSim 进行仿真，通过波形查看代码的逻辑是否正确。那如何进行仿真呢？大家可以将仿真理解为平时测试电路板的过程：给待测单元输入一定的信号，观察它的输出及内部执行过程。使用仿真工具的步骤如下。

❶ 在调用 ModelSim 之前，需要编写一段测试代码，如图 1.33 所示。

❷ 在编写完测试代码后，需要对软件进行设置。右键单击工程名称 counter，在弹出的快捷菜单中选择 Settings 选项，弹出如图 1.34 所示的界面，选中 Compile test bench 单选按钮。

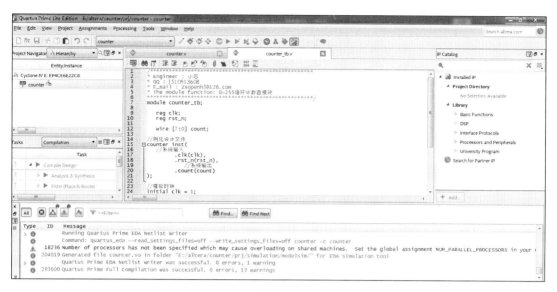

图 1.33

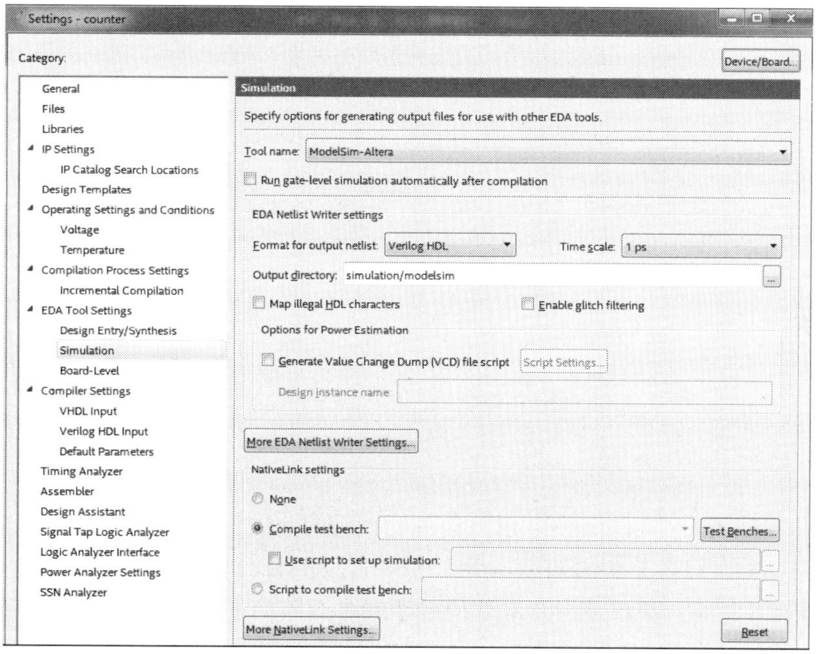

图 1.34

❸ 单击 Test Benches 按钮，弹出如图 1.35 所示的界面。

❹ 单击 New 按钮，弹出 New Test Bench Settings 对话框，输入测试文件名称 counter_tb，如图 1.36 所示。

❺ 单击 File name 文本框右侧的 ▢ 按钮，弹出如图 1.37 所示的对话框，选中 counter_tb.v 文件，单击 Open 按钮，返回 New Test Bench Settings 对话框，如图 1.38 所示。

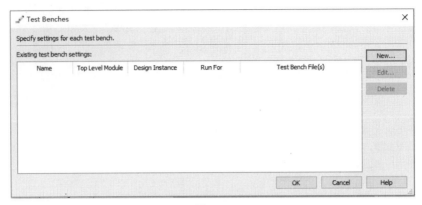

图 1.35

图 1.36

图 1.37

图 1.38

❻ 单击 Add 按钮，将测试文件添加到下方的列表框中，如图 1.39 所示。

图 1.39

❼ 单击 OK 按钮，弹出 Test Benches 对话框，如图 1.40 所示。

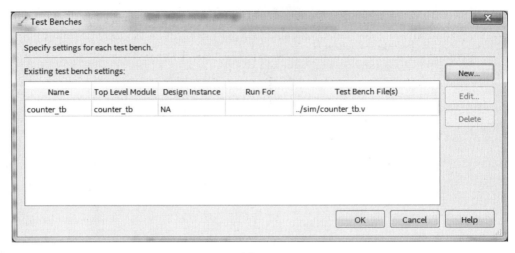

图 1.40

❽ 单击 OK 按钮，弹出如图 1.41 所示的界面。

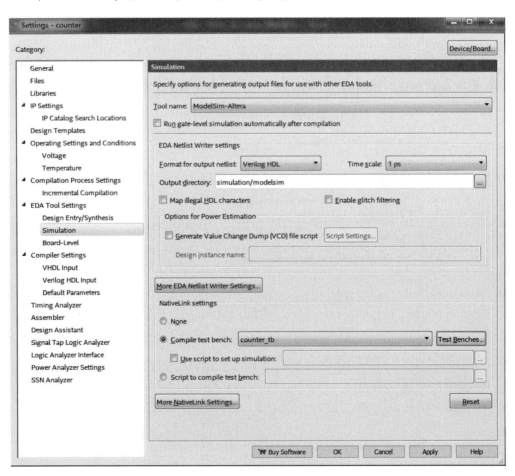

图 1.41

❾ 先单击 Apply 按钮，再单击 OK 按钮，即可退出仿真设置对话框，返回到如图 1.42 所示的界面。

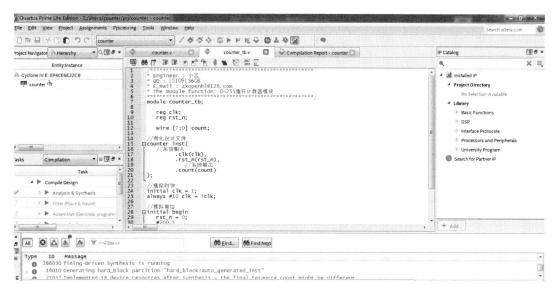

图 1.42

❿ 选择"Tools→Run Simulation Tool→RTL Simulation"，弹出 ModelSim 界面，如图 1.43 所示。

图 1.43

⓫ 通过单击 Wave 按钮，将界面切换到 Wave 选项卡，如图 1.44 所示。

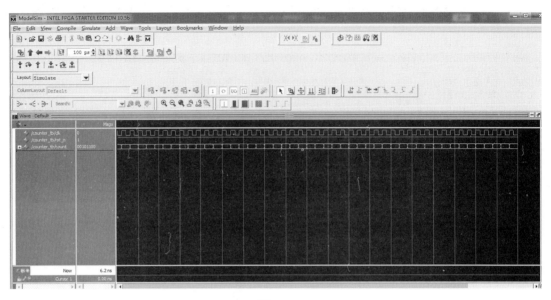

图 1.44

⓬ 按 "Ctrl+A" 组合键选中所有信号，单击键盘上的 Delete 键，删除全部波形，效果如图 1.45 所示。

图 1.45

⓭ 切换到 sim 选项卡，如图 1.46 所示。右键单击 inst 选项，在弹出的快捷菜单中选择 Add Wave 选项，效果如图 1.47 所示。

小芯温馨提示

通过这种方式，可以在波形中看到所有的输入/输出变量，以及内部变量。

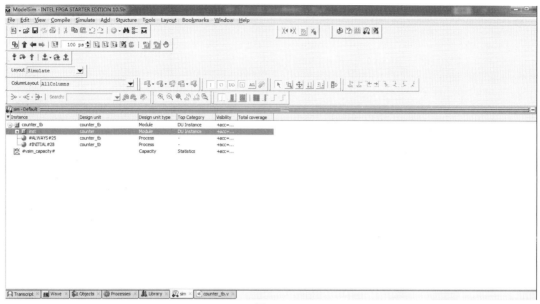

图 1.46

图 1.47

⑭ 单击 Toggle leaf names <-> full names 按钮，如图 1.48 所示。

⑮ 按 "Ctrl+G" 组合键实行自动分组，效果如图 1.49 所示。

⑯ 右键单击信号名称，在弹出的快捷菜单中选择 "Radix→Unsigned" 选项，即选择无符号类型数据，改变信号的显示进制（大家也可以根据需要选择其他的显示进制），如图 1.50 所示。

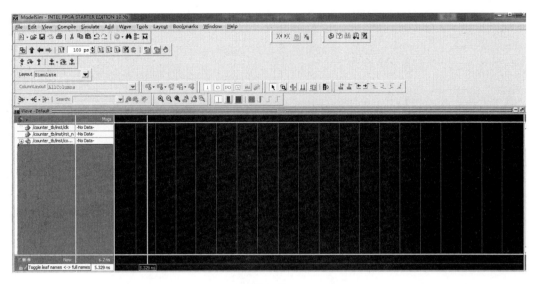

图 1.48

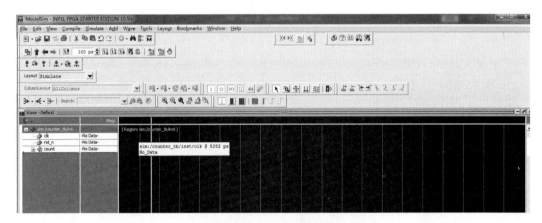

图 1.49

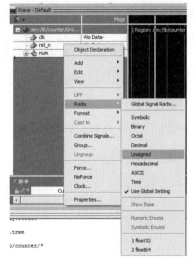

图 1.50

⓱ 切换到 Transcript 选项卡，输入 restart 指令，如图 1.51 所示。

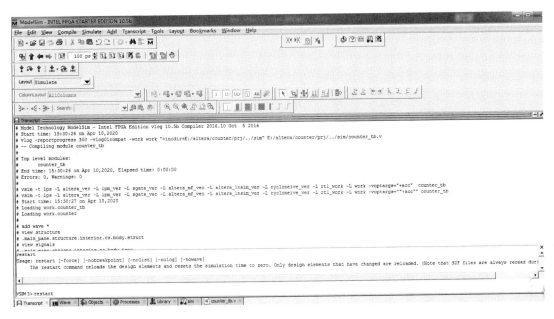

图 1.51

⓲ 按 Enter 键进行确认，弹出如图 1.52 所示的对话框。

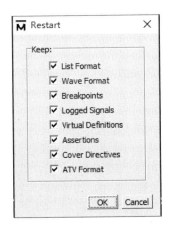

图 1.52

⓳ 单击 OK 按钮，弹出如图 1.53 所示的界面。

⓴ 切换到 Transcript 选项卡，输入指令 "do 1ms"（可以自定义执行时间），按 Enter 键进行确认。切换到 Wave 选项卡查看效果，如图 1.54 所示。

㉑ 在查看波形时，通过单击 图标，不仅可以缩小或放大波形，而且还可以查看波形的任意位置，如图 1.55 所示。

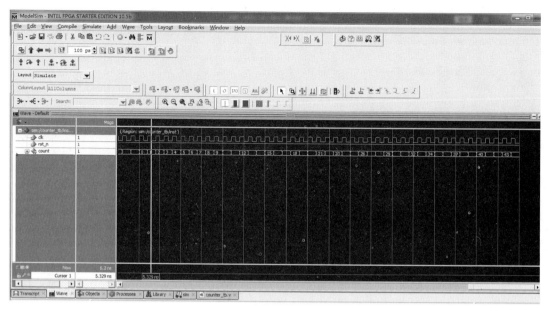

图 1.53

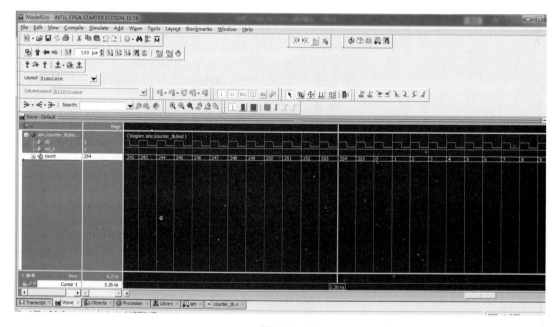

图 1.54

 小芯温馨提示

通过以上操作步骤，即可完成 Quartus 和 ModelSim 的设计、调试过程，之后的学习都将以此操作为基础。建议大家一定要勤加练习，掌握好软件的基本用法。

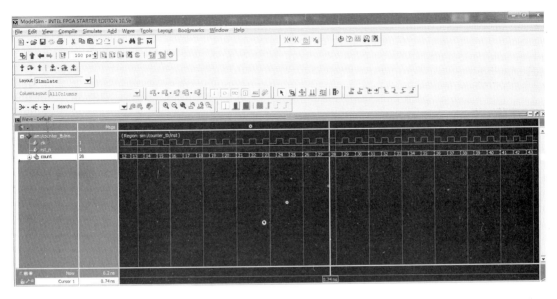

图 1.55

第 2 章

谆谆教诲莫相忘，字字珠玑记心头

2.1　赋值语句实战演练

在编写代码的过程中，用得最多的语句恐怕就是赋值语句了。常用的赋值方式有两种：阻塞型过程赋值和非阻塞型过程赋值。小芯刚开始编写代码时就被这两种赋值方式搞晕了——什么是阻塞型过程赋值？什么是非阻塞型过程赋值？什么时候用阻塞型过程赋值？什么时候用非阻塞型过程赋值？这两种赋值方式到底有哪些不同？什么时候两种赋值方式可以结合起来使用？

由于当时好的教材比较少，因此小芯被这些简单的问题困扰了很久。下面小芯将通过一些实例来解答这些问题。

2.1.1　非阻塞型过程赋值语句

以赋值操作符"<="来标识的赋值操作被称为非阻塞型过程赋值（Nonblocking Assignment）。非阻塞型过程赋值语句的特点如下。

- 在 begin-end 串行语句块中，一条非阻塞型过程赋值语句的执行不会阻塞下一条语句的执行，也就是说，在本条非阻塞型过程赋值语句对应的赋值操作执行完之前，下一条语句也可以执行。
- 仿真进程在遇到非阻塞型过程赋值语句后，首先计算其右端赋值表达式的值，然后等到仿真进程结束后再将该计算结果赋给变量，也就是说，此时的赋值操作是在同一仿真时刻上的其他普通操作结束后才得以执行的。

例如，有如下代码：

```
initial
begin
```

```
    A<=B;      //语句 S1
    B<=A;      //语句 S2
end
```

在上述语句中，包含两条非阻塞型过程赋值语句 S1 和 S2。在仿真进程遇到 begin-end 串行语句块后（0 时刻），语句 S1 开始执行，即 B 的值得到计算（对 A 的赋值操作要等到当前时间步结束才能执行）。由于语句 S1 是一条非阻塞型过程赋值语句，所以语句 S1 的执行不会阻塞语句 S2 的执行，语句 S2 随即开始执行，即 A 的值得到计算。由于此时在语句 S1 中对 A 的赋值操作还没有执行，所以计算得到的赋值表达式取值是 A 的初值。由于语句 S2 也是一条非阻塞型过程赋值语句，对 B 的赋值操作也要等到当前时间步结束时才能执行，所以在当前时间步结束时，S1、S2 两条语句对应的赋值操作同时执行，即分别将计算得到的 A 和 B 的初值赋给变量 B 和 A，从而交换了 A 与 B 的取值。

下面小芯将和大家一起设计一个实例，实例代码如下。

```
/*********************************************
 *   Engineer      : 小芯
 *   QQ            : 1510913608
 *   E_mail        : zxopenhl@126.com
 *   The module function:非阻塞型过程赋值模块
 *********************************************/
00  module Assignment1(clk,rst_n);
01
02      //系统输入
03      input clk;              //系统时钟输入
04      input rst_n;            //低电平复位信号
05      //内部寄存器定义
06      reg[1:0]a;              //内部寄存器
07      reg[1:0]b;              //内部寄存器
08      //赋值语句块
09      always@(posedge clk or negedge rst_n)
10      begin
11          if(!rst_n)
12              begin
13                  a<=2;       //寄存器赋初值
14                  b<=1;       //寄存器赋初值
15              end
16          else
17              begin
18                  a<=b;       //寄存器数据交换
19                  b<=a;       //寄存器数据交换
20              end
21      end
22  endmodule
```

编写如下测试代码。

```
/*********************************************
 *   Engineer      : 小芯
 *   QQ            : 1510913608
 *   E_mail        : zxopenhl@126.com
```

```
*    The module function:非阻塞型过程赋值测试模块
****************************************************/
00  timescale 1ns/1ps
01
02  module tb;
03
04      reg clk;
05      reg rst_n;
06
07      initial
08      begin
09          clk=0;
10          rst_n=0;
11          #1000.1 rst_n=1;
12      end
13
14      always#10clk=~clk;
15
16      Assignment1 Assignment1(
17          .clk(clk),
18          .rst_n(rst_n)
19      );
20  endmodule
```

运行代码，得到的仿真波形如图 2.1 所示。

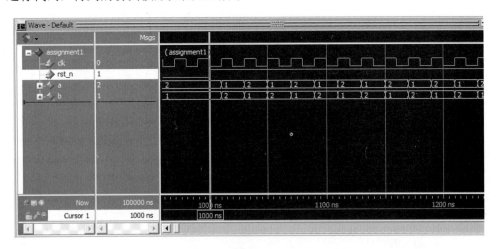

图 2.1

从仿真波形可以看出，使用非阻塞型过程赋值语句可以把 a 的初值赋给 b，把 b 的初值赋给 a。非阻塞型过程赋值语句一般用在时序逻辑中。

2.1.2 阻塞型过程赋值语句

以赋值操作符 "=" 来标识的赋值操作被称为阻塞型过程赋值（Blocking Assignment）。阻塞型过程赋值语句的特点如下：

- 串行语句块（begin-end）中的各条阻塞型过程赋值语句将以它们的排列次序依次执行。

- 阻塞型过程赋值语句的执行过程：首先，计算右端赋值表达式的值；然后，立即将计算结果赋给 "=" 左端的被赋值变量。

阻塞型过程赋值语句的这两个特点表明：仿真进程在遇到阻塞型过程赋值语句时，将计算表达式的值，并立即将其结果赋给等式左边的被赋值变量；在串行语句块中，下一条语句的执行会被本条阻塞型过程赋值语句所阻塞，只有在当前这条阻塞型过程赋值语句所对应的赋值操作执行完后，下一条语句才能开始执行。

例如，有如下代码：

```
initial
begin
    a=0;      //语句 S1
    a=1;      //语句 s2
end
```

在这段语句中包含两条阻塞型过程赋值语句 S1 和 S2，它们都是在仿真 0 时刻得到执行的。由于语句 S1 和 S2 都是阻塞型过程赋值语句，所以在执行语句 S1 时语句 S2 因被阻塞而不能得到执行。只有在语句 S1 执行完，a 被赋值为 0 之后，语句 S2 才能开始执行。而 S2 的执行将使 a 被重新赋值为 1，所以上述代码执行后，变量 a 的值最终为 1。

下面小芯将和大家一起设计一个实例，实例代码如下。

```
/***************************************************
*    Engineer        :  小芯
*    QQ              :  1510913608
*    E_mail          :  zxopenhl@126.com
*    The module function:阻塞型过程赋值模块
***************************************************/
00  module Assignment2(clk,rst_n);
01
02      //系统输入
03      input clk;                //系统时钟输入
04      input rst_n;              //低电平复位信号
05      //内部寄存器定义
06      reg[1:0]a;                //内部寄存器
07      reg[1:0]b;                //内部寄存器
08                                //赋值语句块
09      always@(posedge clk or negedge rst_n)
10      begin
11          if(!rst_n)
12              begin
13                  b=1;          //寄存器赋初值
14                  a=2;          //寄存器赋初值
15              end
16          else
17              begin
18                  b=a;          //寄存器数据交换
19                  a=b;          //寄存器数据交换
20              end
21      end
22  endmodule
```

运行代码，得到的仿真波形如图 2.2 所示。

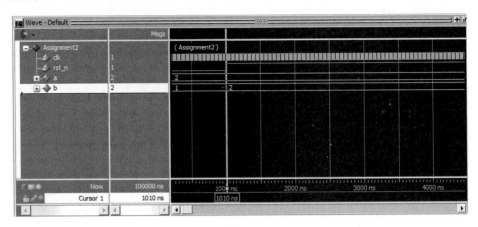

图 2.2

通过对比图 2.1 和图 2.2 可以看出，哪怕仅是把赋值方式换成阻塞型，其产生的结果也和非阻塞型的不同。阻塞型过程赋值语句一般用在组合逻辑中。

2.2 关系运算符实战演练

说起关系运算符，真的是"满心伤痕"，因为关于关系运算符的知识点很多。关系运算符的优先级低于算术运算符的优先级，因此可以认为关系运算符的"出身"就比别人低了一级。

2.2.1 关系运算符的种类

对关系运算符的举例如下。

- a<b：a 小于 b。
- a>b：a 大于 b。
- a<=b：a 小于或等于 b。
- a>=b：a 大于或等于 b。

在进行关系运算时，如果声明的关系是假的（false），则返回值为 0；如果声明的关系是真的（true），则返回值为 1；如果某个操作数的值不定，则关系是模糊的，返回值为不定值。

2.2.2 关系运算符与算术运算符优先级

所有的关系运算符都有着相同的优先级。例如，有以下代码：

```
//表达意义相同
a<size-1
a<(size-1)
//表达意义不同
size-(1<a)
```

```
size-1<a
```

当执行表达式 "size-(1<a)" 时，先计算关系表达式 "(1<a)"，返回值为 0 或 1，再执行 "size-(0 或 1)"；当执行表达式 "size-1<a" 时，先计算 "size-1"，再与 a 进行比较。

2.3　if-else 与 case 语句实战演练

在 Verilog HDL 语言中存在如下两种分支语句。

- if-else：条件分支语句。
- case：分支控制语句。

看到它们两个，小芯总能想起一个成语：欢喜冤家。很多人问我："在编写代码时，if-else 语句和 case 语句，哪个更好用呢？"同样的逻辑，既可以通过 if-else 语句实现，也可以通过 case 语句实现。从这个角度来看，它们的功能好像是重复的，是"职业竞争"的关系，但是在很多场合，case 语句和 if-else 语句总是同时出现，互相嵌套，密切配合。

2.3.1　if-else 条件分支语句

if-else 条件分支语句的作用是根据指定的判断条件是否满足来确定下一步要执行的操作。它在使用时可以采用如下三种形式。

1. 第一种形式

if-else 条件分支语句的第一种形式如下：

```
if(<条件表达式>)
    语句或语句块;
```

在这种形式中没有出现 else 语句，此时，if-else 条件分支语句的执行过程如下。

- 如果指定的<条件表达式>成立（也就是这个条件表达式的逻辑值为 1），则执行 if-else 条件分支语句内的"语句或语句块"，并退出 if-else 条件分支语句。
- 如果<条件表达式>不成立（也就是条件表达式的逻辑值为 0），则不执行 if-else 条件分支语句内的"语句或语句块"，直接退出 if-else 条件分支语句。

例如，编写程序 1，代码如下。

```
/**************************************************
 *    Engineer       :    小芯
 *    QQ             :    1510913608
 *    E_mail         :    zxopenhl@126.com
 *    The module function:if-else 条件分支语句赋值模块
 **************************************************/
00  module if_else_case(a,sel,rst_n,out);
01
02      input a;                //输入 a
```

```
03     input sel;          //输入使能信号
04     input rst_n;
05
06     output reg out;      //输出信号
07
08     always@(*)
09     begin
10       if(!rst_n)
11         out=0;
12       else
13         begin
14           if(sel==1)//当条件表达式的逻辑值为1，执行"out=a"语句
15               out=a; //将a的值赋给输出变量out
16         end
17     end
18 endmodule
```

得到的仿真波形如图 2.3 所示。

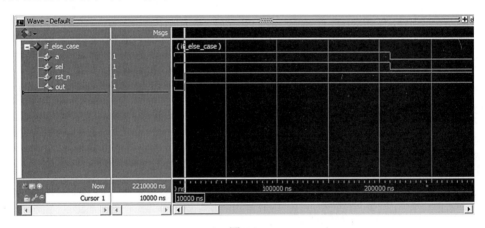

图 2.3

在执行程序 1 中的代码时，会根据条件表达式 "sel==1" 是否成立来决定是否执行赋值语句 "out=a;"：如果 "sel==1" 成立，则执行赋值语句 "out=a;"，即输出信号 out 得到 a 的值；如果 "sel==1" 不成立，则不执行赋值语句 "out=a;"，即输出信号 out 保持原有值不变。

2. 第二种形式

if-else 条件分支语句的第二种形式如下：

```
if(<条件表达式>)
    语句或语句块1
else
    语句或语句块2
```

第二种形式的 if-else 条件分支语句将以如下方式执行。

- 如果指定的<条件表达式>成立（条件表达式的逻辑值为 1），则执行 if-else 条件分支语句内的 "语句或语句块 1"，并退出 if-else 条件分支语句。

- 如果指定的<条件表达式>不成立（条件表达式的逻辑值为 0），则执行 if-else 条件
  分支语句内的"语句或语句块 2"，并退出 if-else 条件分支语句。

例如，编写程序 2，代码如下。

```
/*********************************************
*    Engineer      :  小芯
*    QQ            :  1510913608
*    E_mail        :  zxopenhl@126.com
*    The module function:if_else条件分支语句赋值模块
**********************************************/
00   module if_else_case(a,b,sel,rst_n,out);
01
02       input a;                //输入a
03       input b;                //输入b
04       input sel;              //输入使能信号
05       input rst_n;
06
07       output reg out;         //输出信号
08
09       always@(*)
10       begin
11          if(!rst_n)
12              out=0;
13          else
14              begin
15                 if(sel==1)      //当条件表达式的逻辑值为1，则执行if下的语句
16                     out=a;      //将a的值赋给输出信号out
17                 else            //当条件表达式的逻辑值为0，则执行else下的语句
18                     out=b;      //将b的值赋给输出信号out
19              end
20       end
21
22   endmodule
```

得到的仿真波形如图 2.4 所示。

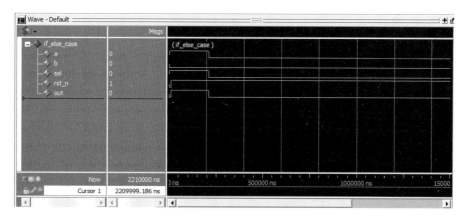

图 2.4

在执行程序 2 中的代码时，会根据条件表达式"sel==1"是否成立来决定执行哪条赋值语句。

- 如果"sel==1"成立，则执行赋值语句"out=a;"，将 a 的值赋给输出信号 out。
- 如果"sel==1"不成立，则执行赋值语句"out=b;"，将 b 的值赋给输出信号 out。

3. 第三种形式

if-else 条件分支语句的第三种形式如下：

```
if(<条件表达式 1>)
     语句或语句块 1
else if( <条件表达式 2>)
     语句或语句块 2
     …
else
     语句或语句块 n
```

在执行这种形式的 if-else 条件分支语句时，将按照各分支语句的排列顺序对各个条件表达式是否成立做出判断，当遇到某一项的条件表达式成立时，则执行这一项所指定的语句或语句块；如果所有的条件表达式都不成立，则执行 else 后的语句或语句块 *n*。

第三种形式的 if-else 条件分支语句实现了多路分支的选择、控制功能。例如，编写程序 3，代码如下。

```
/*****************************************************
*   Engineer      :   小芯
*   QQ            :   1510913608
*   E_mail        :   zxopenhl@126.com
*   The module function:if_else 条件分支语句赋值模块
*****************************************************/
00  module if_else_case(a,b,c,sel1,sel2,rst_n,out);
01
02      input a;                    //输入 a
03      input b;                    //输入 b
04      input c;                    //输入 c
05      input sel1;                 //输入使能信号 1
06      input sel2;                 //输入使能信号 2
07      input rst_n;
08
09      output reg out;             //输出信号
10
11      always@(*)
12      begin
13          if(!rst_n)
14              out=0;
15          else
16              begin
17                  if(sel1==1)     //当"sel1==1"成立，则执行下面的语句
18                      out=a;      //将 a 的值赋给输出信号 out
```

```
19                    elseif(sel2==1)//当"sel2==1"成立，则执行下面的语句
20                        out=b;       //将 b 的值赋给输出信号 out
21                    else
22                        out=c;       //将 c 的值赋给输出信号 out
23            end
24        end
25
26 endmodule
```

得到的仿真波形如图 2.5 所示。

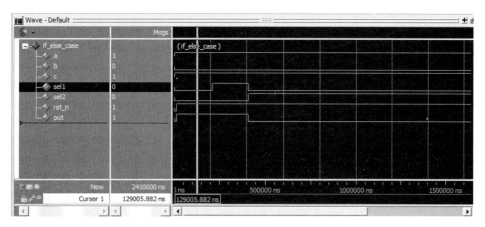

图 2.5

如果"sel1==1"成立，则第一个分支项的条件表达式成立，执行"out=a;"语句，即将将 a 的值赋给输出信号 out；如果"sel1==1"不成立，"sel2==1"成立，则第二个分支项的条件表达式成立，执行"out=b;"语句，即将 b 的值赋给输出信号 out；如果"sel1==1"不成立，"sel2==1"也不成立，则执行"out=c;"语句，即将 c 的值赋给输出信号 out。

4. if-else 条件分支语句的嵌套使用

if-else 条件分支语句的嵌套使用方法如下：

```
if(<条件表达式 1>)      //外层 if 语句
    if(<条件表达式 2>)   //内层 if 语句
    else               //内层 else 语句
else                   //外层 else 语句
    if(<条件表达式 3>)   //内层 if 语句
    else               //内层 else 语句
```

2.3.2　case 分支控制语句

case 分支控制语句是一种用来实现多路分支控制的语句。与使用 if-else 条件分支语句相比，通过 case 分支控制语句实现多路分支控制显得更加方便和直观。

case 分支控制语句通常用于对微处理器指令译码功能的描述，以及对有限状态机的描述。

case 分支控制语句的示意代码如下：

```
case(<控制表达式>)
    <分支语句 1>：语句块 1
    <分支语句 2>：语句块 2
    <分支语句 3>：语句块 3
    ...
    <分支语句 n>：语句块 n
    default：语句块 n+1；
endcase
```

控制表达式是对程序流向进行控制的信号；分支语句用于控制表达式的具体取值，在实际使用中，分支语句通常是一些常量表达式；语句块是在各个分支语句下所要执行的操作，可由单条语句构成；以关键词 default 开头的语句块被称为 default 分支项，是可以省略的。

Case 分支控制语句的执行过程如下：

- 若控制表达式的值等于分支语句 1，则执行语句块 1。
- 若控制表达式的值等于分支语句 2，则执行语句块 2。
- ……
- 若控制表达式的值等于分支语句 n，则执行语句块 n。
- 若控制表达式的值不等于任何分支语句，则执行语句块 n+1。

小芯温馨提示

在执行了某一分支语句后，将会退出 case 分支控制语句，终止 case 分支控制语句的执行。case 分支控制语句中的各个分支语句的值必须互不相同，否则就会出现矛盾现象。

例如，编写程序 4，代码如下。

```
/**************************************************
 *    Engineer      :    小芯
 *    QQ            :    1510913608
 *    E_mail        :    zxopenhl@126.com
 *    The module function:case 分支控制语句赋值模块
 **************************************************/
00   module if_else_case(a,b,c,d,sel,rst_n,out);
01
02      input a;            //输入 a
03      input b;            //输入 b
04      input c;            //输入 c
05      input d;            //输入 d
06      input[1:0]sel;      //输入使能信号
07      input rst_n;
08
09      output reg out;     //输出信号
10
11      always@(*)
12      begin
```

```
13          if(!rst_n)
14              out=0;
15          else
16              begin
17                  case(sel)
18                      2'b00:out=a;
19                      2'b01:out=b;
20                      2'b10:out=c;
21                      2'b11:out=d;
22                      default:;
23                  endcase
24              end
25      end
26
27 endmodule
```

得到的仿真波形如图 2.6 所示。

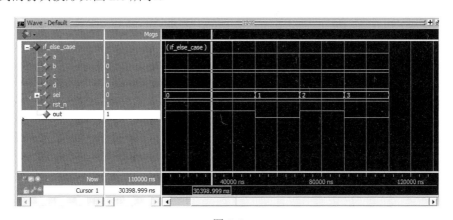

图 2.6

在执行 case 分支控制语句时，控制表达式的值和分支语句之间的比较是一种"全等比较"，也就是说，只有在分支语句和控制表达式的值完全相同（对应的每一位完全相同）的情况下，才能认为分支语句和控制表达式的值相等，对应的语句块才会被执行。

小芯温馨提示

在执行 if-else 条件分支语句时，会按照优先级的顺序执行语句；在执行 case 分支控制语句时，各分支语句之间无优先级之分，只要控制表达式的值和分支语句相等，就能执行对应的语句块。

2.4　缩减运算符实战演练

缩减运算符是单目运算符，可进行"与"或"非"运算。利用缩减运算符进行"与"或

"非"运算的规则类似于位运算符的"与"或"非"运算的规则，但两者的运算过程不同。

- 位运算符是对操作数的相应位进行"与"或"非"运算，操作数是几位数，运算结果也是几位数。
- 缩减运算符是对单个操作数进行"与"或"非"的递推运算，最后的运算结果是一个二进制数。

缩减运算符的具体应用过程如下：

❶ 将操作数的第一位与第二位进行"与"或"非"运算。

❷ 将上一步的运算结果与第三位进行"与"或"非"运算，依次类推，直到最后一位。

应用缩减运算符的示意代码如下：

```
reg[3:0]B;
reg C;
C=&B;
```

以上代码相当于如下语句：

```
C=((B[0]&B[1])&B[2])&B[3];
```

下面小芯将编写一个实例，通过仿真波形来验证运算结果。缩减运算符的应用代码如下。

```
/**********************************************************
*    Engineer        :    小芯
*    QQ              :    1510913608
*    E_mail          :    zxopenhl@126.com
*    The module function:缩减运算符
**********************************************************/
00  module reduce(clk,rst_n,c);
01
02      input clk;              //系统时钟输入
03      input rst_n;            //系统复位
04
05      output reg c;           //输出寄存器定义
06
07      reg[3:0]B;              //内部寄存器定义
08
09      always@(posedge clk or negedge rst_n)
10      begin
11          if(!rst_n)
12              begin
13                  c<=0;
14                  B<=4'b1111;
15              end
16          else
17              begin
18                  c<=&B;
19              end
20      end
```

```
21
22 endmodule
```

编写缩减运算符的测试代码，如下所示。

```
/****************************************************
  *     Engineer     :   小芯
  *     QQ           :   1510913608
  *     E_mail       :   zxopenhl@126.com
  *     The module function:缩减运算符的测试代码
  ****************************************************/
00  `timescale 1ns/1ps
01
02  module tb;
03      reg clk;
04      reg rst_n;
05
06      wire c;
07
08      initial
09      begin
10          clk=0;
11          rst_n=0;
12          #1000.1 rst_n=1;
13      end
14
15      always#10clk=~clk;
16
17      reduce reduce(
18      .clk(clk),
19      .rst_n(rst_n),
20      .c(c)
21      );
22  endmodule
```

得到的仿真波形如图 2.7 所示。

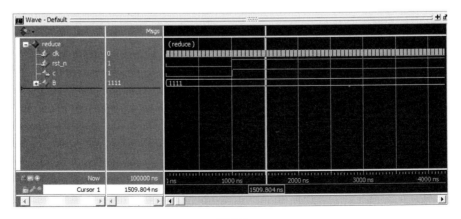

图 2.7

通过该波形可以看出，当变量 B 的 4 位全为 1（高电平）时，通过执行"与"运算，最终输出的变量 C 为高电平。如果在变量 B 中加入 0，其执行结果如何呢？在这种情况下，得到的仿真波形如图 2.8 所示。

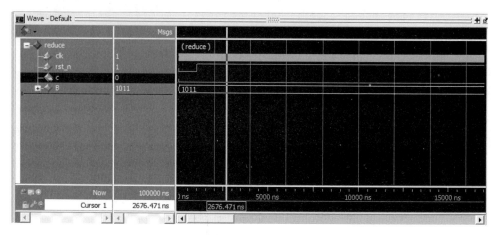

图 2.8

从图 2.8 可以看到，如果变量 B 中存在 0，那么输出的变量 C 因执行"与"运算，最终会得到低电平。

2.5 移位运算符实战演练

移位运算符是双目运算符，即将运算符左边的操作数左移或右移指定的位数，并用 0 来补充空闲位。

小芯温馨提示

在应用移位运算符时一定要注意，操作中的空闲位将用 0 来填充，也就是说，不管一个二进制数的原值为何，只要一直移位，最终都会变为 0，所以，移位运算符太厉害了，只要一直移位，就可把一切数值归零！

在 Verilog HDL 中有两种移位运算符：<<（逻辑左移）和>>（逻辑右移）。下面编写实例代码。

```
******************************************
*    Engineer      :  小芯
*    QQ            :  1510913608
*    E_mail         :  zxopenhl@126.com
*    The module function:移位运算符
******************************************/
00  module shift(clk,rst_n,a,b);
01
```

```
02      input clk;
03      input rst_n;
04
05      output reg[3:0]a;
06      output reg[3:0]b;
07
08      always@(posedge clk or negedge rst_n)
09      begin
10          if(!rst_n)
11              begin
12                  a<=1;
13                  b<=4;
14              end
15          else
16              begin
17                  a<=(a<<1);
18                  b<=(b>>1);
19              end
20      end
21 endmodule
```

编写移位运算符的测试代码，如下所示。

```
/*************************************************
 *    Engineer     :   小芯
 *    QQ           :   1510913608
 *    E_mail       :   zxopenhl@126.com
 *    The module function:移位运算符测试代码
 *************************************************/
00  `timescale 1ns/1ps
01
02 module tb;
03      reg clk;
04      reg rst_n;
05
06      wire[3:0]a;
07      wire[3:0]b;
08
09      initial
10      begin
11          clk=0;
12          rst_n=0;
13          #1000.1 rst_n=1;
14      end
15
16      always #10clk=~clk;
17
18      shift shift(
19      .clk(clk),
20      .rst_n(rst_n),
```

```
21      .a(a),
22      .b(b)
23      );
24
25  endmodule
```

得到的仿真波形如图 2.9 所示。

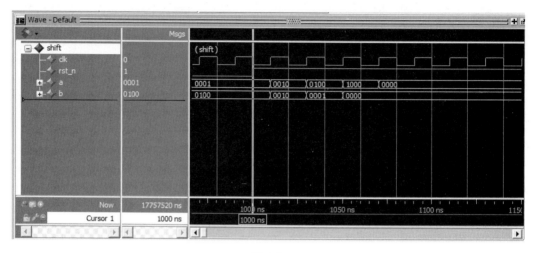

图 2.9

从图 2.9 中可以看出，每次 a 都左移一位，后面补 0，直至将逻辑 1 溢出，保持为 0；每次 b 都右移一位，前面补 0，直至将逻辑 1 溢出，保持为 0。

小芯温馨提示

可用移位运算符代替乘法和除法运算，即将左移一位视为乘以 2，将右移一位视为除以 2（尤其是除法，通过使用移位运算符，可节省系统资源）。使用移位运算符的前提是要进行数据位宽的拓展，不然数值将全部变为 0。

2.6 位拼运算符实战演练

位拼运算符是将多个小的表达式合并成一个大的表达式，用符号 "{}" 来实现多个表达式的连接运算，各个表达式之间用 "," 隔开。位拼运算符是小芯特别喜欢的一种运算符，它不仅 "聪慧"，可以进行简单的数据拼接，而且还可以用来执行移位操作（数值是循环的，不会像执行移位运算符似的将数值 "变没" 了），用途非常广泛。

位拼运算符的应用代码如下。

```
/************************************************
 *   Engineer      :   小芯
```

```
    *    QQ              :   1510913608
    *    E_mail          :   zxopenhl@126.com
    *    The module function:位拼运算符
    ***********************************************************/
00  module shift(clk,rst_n,led_out);
01
02      input clk;                          //系统输入
03      input rst_n;                        //系统复位
04
05      output reg[3:0]led_out;             //led 驱动端口
06
07      always@(posedge clk or negedge rst_n)
08      begin
09        if(!rst_n)
10            begin
11                led_out<=4'b0111;         //点亮其中一盏灯
12            end
13        else
14            begin
15                led_out<={led_out[0],led_out[3:1]};    //实现流水灯
16            end
17      end
18  endmodule
```

编写位拼运算符的测试代码，如下所示。

```
/***********************************************************
    *    Engineer        :   小芯
    *    QQ              :   1510913608
    *    E_mail          :   zxopenhl@126.com
    *    The module function:位拼运算符测试代码
    ***********************************************************/
00  `timescale 1ns/1ps
01
02  module tb;
03      reg clk;
04      reg rst_n;
05
06      wire[3:0]led_out;
07
08      initial
09      begin
10          clk=0;
11          rst_n=0;
12          #1000.1 rst_n=1;
13      end
14
15      always #10clk=~clk;
16
17      shift shift(
```

```
18        .clk(clk),
19        .rst_n(rst_n),
20        .led_out(led_out)
21        );
22  endmodule
```

得到的仿真波形如图 2.10 所示。

以上代码的功能：每次操作均把最低位放到最高位，其他三位右移，从而从逻辑上实现了移位，形成了循环。从图 2.10 中可以看出，在每个时钟周期，0 都会右移一位，直至到达最低位，将其放在最高位后，继续从最高位向最低位移动……如此循环下去。在很多操作中（如串/并转换等）使用拼位运算符，会使代码变得简单。

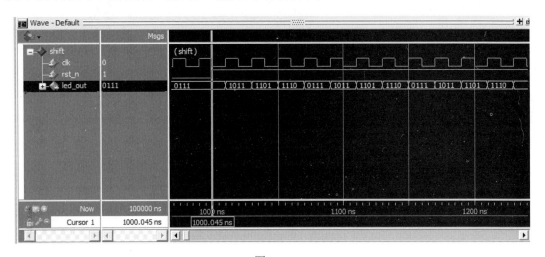

图 2.10

第 3 章

工欲善其事，必先利其器

我们使用的开发板的系统时钟频率为 50MHz（这个频率非常快），对应的系统时钟周期为 20ns。在某些设计需求中，无法直接使用系统时钟频率，因此需要对系统时钟进行分频处理，从而得到所需的时钟。分频处理主要通过计数器实现。

3.1.1 设计原理

计数是一种最简单、最基本的运算，计数器是实现这种运算的逻辑电路。在数字电路中，计数器主要通过对脉冲个数进行计数来实现测量、计数、控制、分频的功能。计数器由一些基本的计数单元和控制门组成，计数单元则由一系列具有存储信息功能的各类触发器组成，如 RS 触发器、T 触发器、D 触发器、JK 触发器等。计数器在数字电路中应用广泛，例如，在控制器中，用于对指令地址进行计数，以便取出下一条指令；在运算器中进行乘法、除法运算时，用于对加法、减法的次数进行计数；在数字仪器中，用于对脉冲计数……

在计数器的设计过程中，一般需要注意以下几点：

- 计数器的初始值。
- 计数器的递增条件或递减条件。
- 计数器的结束条件。

下面以 0～9 计数器（从 0 开始计数，计数值等于 9 时清零）为例进行说明：此计数器的初始值为 0，递增的条件是计数值小于 9，结束条件是计数值等于 9（清空计数器，令计数值为 0，重新开始计数）。

3.1.2 代码说明

编写计数器模块的代码：

```
/************************************************
*    Engineer      :  小芯
*    QQ            :  1510913608
*    E_mail        :zxopenhl@126.com
*    The module function: 计数器模块
************************************************/
00 module counter(clk, rst_n, data);
01    input clk,rst_n;                    //输入系统时钟，低电平复位
02    output reg [3:0] data;              //计数值输出
03    //赋值语句块
04    always @ (posedge clk, negedge rst_n)
05    begin
06      if(!rst_n)                        //复位有效时
07         data <= 4'd0;                  //计数值清空
08      else
09         if(data < 4'd9)                //如果计数值小于9
10            data <= data + 1'b1;        //则在每个时钟的上升沿加1
11         else
12        data <= 4'd0;                   //如果计够9，则清空计数器
13    end
14 endmodule
```

编写如下测试代码。

```
/************************************************
*    Engineer      :    小芯
*    QQ            :    1510913608
*    E_mail        :    zxopenhl@126.com
*    The module function  : 计数器测试模块
************************************************/
00 `timescale 1ns/1ps
01 module tb;
02    reg clk, rst_n;
03    wire [3:0] data;
04    counter dut
05    (                                   //计数器模块实例化
06      .clk(clk),
07      .rst_n(rst_n),
08      .data(data)
09    );
10    initial
11    begin                               //输入端口初始化
12      clk = 0;
13      rst_n = 0;
14      #200 rst_n = 1;
```

```
15        #3000 $stop;
16    end
17    always #10 clk = ~clk;              //模拟系统时钟
18 endmodule
```

3.1.3　仿真分析

编译通过之后可进行仿真分析。得到的仿真波形如图 3.1 所示。

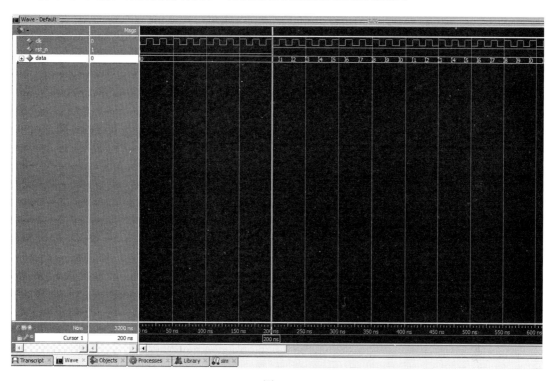

图 3.1

通过仿真波形可以看出，在复位时初始值为 0；在复位信号被拉高后、计数值小于 9 时，每检测到一个时钟的上升沿，计数值便会加 1；当计数值为 9 时，清空计数器，从 0 开始重新计数。

3.2　呼吸灯实战演练

3.2.1　设计原理

呼吸灯的照明效果是先逐渐变亮，再逐渐变暗，依次循环，广泛应用在手机、鼠标、键盘等电子产品中，用于完成具有亮、灭变化的效果。

关于呼吸灯，还需要了解另一个重要的知识点：PWM。PWM（Pulse Width Modulation，脉冲宽度调制），是一种对模拟信号电平进行数字编码的方法，即通过高分辨率计数器的使用、方波的占空比调制，对一个具体的模拟信号电平进行编码，可广泛应用在测量、通信、功率控制与变换、LED 照明等领域中。顾名思义，脉冲宽度调制就是占空比可调的信号。什么是占空比呢？占空比（Duty Cycle or Duty Ratio）是在一个脉冲序列中（方波）正脉冲序列的持续时间与脉冲总周期的比值，也可理解为电路释放能量的有效时间与总释放时间的比值。

PWM 如何调节 LED 的亮度呢？LED 的亮度与流过的电流成正比，如果能够控制流经 LED 的电流，使电流在 2s 内从 0 逐渐增加到一个数值，则能实现 LED 由暗到亮的变化；使电流在 2s 内从一定数值逐渐减小到 0，则能实现 LED 由亮到暗的变化。以此为一个周期，不断循环，从而实现呼吸灯的功能。

但是在数字电路中，几乎是不能控制电流大小的。如果令 LED 在前半个周期内点亮，在后半个周期内熄灭，我们会看到什么呢？人的眼睛具有视觉暂留特性，即人眼在观察事物时，光信号需要经过一段时间（很短暂）才能传入大脑神经，因此，即便光信号结束传输，其视觉形象也不会立即消失，这种残留的视觉被称为"后像"，这一现象被称为"视觉暂留"。如果周期的时间足够短，那么我们将会看到一直亮着的 LED。人眼的这一特性为调节 LED 的亮度增加了难度。

为此，本节实例将呼吸灯设计为一分钟"呼吸"30 次：由暗到亮（1s），由亮到暗（1s），并将 1s 分成 1000 个时间段，每个时间段 1ms：在第 1 个时间段内，LED 全部熄灭；在第 2 个时间段内的第 1μs 点亮 LED，其余时段熄灭 LED；第 3 个时间段内的第 2μs 点亮 LED，其余时段熄灭 LED……从而实现由暗到亮的效果。将上述的输出波形取反，即可实现由亮到暗的效果。

3.2.2 系统框架

呼吸灯模块的系统框架如图 3.2 所示。

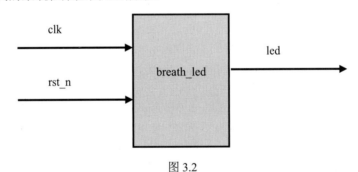

图 3.2

在此模块中（这里以一个 LED 为例，大家可以设计多个 LED 的呼吸效果）采用 3 个计数器，分别为 cnt_us、cnt_ms、cnt_s。由于系统时钟周期为 20ns，所以 cnt_us 计数器用于实现 1μs 的计时，计数值的最大值为 50；计数器 cnt_us 用于驱动计数器 cnt_ms 实现 1ms 的计时，计数值的最大值为 1000；计数器 cnt_us 和 cnt_ms 用于驱动计数器 cnt_s 实现 1s 的计时，计数值的最大值为 1000；比较计数器 cnt_ms 和 cnt_s 的计数值，在 cnt_s 的计数值大于 cnt_ms 的计数值的时间段，可实现 LED 由暗变亮的效果，在 cnt_s 的计数值小于 cnt_ms 的计数值的时间段，可实现 LED 由亮变暗的效果。

3.2.3　代码说明

编写呼吸灯模块的代码：

```
    /*****************************************************
*   Engineer     :   小芯
*   QQ           :   1510913608
*   E_mail       :   zxopenhl@126.com
*   The module function: 呼吸灯模块
*****************************************************/
00 module breath_led (clk, rst_n, led);
01     input clk, rst_n;                  //输入系统时钟
02     output led;                        //输出呼吸灯
03     parameter T1µs = 50;               //µs 计数参数
04     parameter T1ms = 1000;             //ms 计数参数
05     parameter T1s  = 1000;             //s 计数参数
06     reg [6:0] cnt_us;                  //µs 计数器
07     reg [9:0] cnt_ms;                  //ms 计数器
08     reg [9:0] cnt_s;                   //s 计数器
09     /*****通过计数器 cnt_us, 生成 1µs 脉冲*****/
10     always @ (posedge clk or negedge rst_n)
11     begin
12         if (!rst_n)
13             cnt_us <= 7'd0;
14         else if (cnt_us == T1µs - 1)
15             cnt_us <= 7'd0;
16         else
17             cnt_us <= cnt_us + 1'b1;
18     end
19     /*****计数到 1µs 时，产生一个同步脉冲，用来驱动 cnt_ms*****/
20     wire flag_us;
21     assign flag_us = (cnt_us == T1µs - 1) ? 1'b1 : 1'b0;
22     //选择语句
23     /*****通过计数器 cnt_ms, 生成 1ms 脉冲*****/
24     always @ (posedge clk or negedge rst_n)
25     begin
26         if (!rst_n)
27             cnt_ms <= 0;
28         else if ((cnt_ms == T1ms - 1) && flag_us)
29             //等待 flag_us 为 1 后，才可清零
30             cnt_ms <= 10'd0;
31         else if (flag_us)
32             cnt_ms <= cnt_ms + 1'b1;
33         else
34             cnt_ms <= cnt_ms;
35     end
36     /*****计数到 1ms 时，产生一个同步脉冲，用来驱动 cnt_s*****/
37     wire flag_ms;
38     assign flag_ms = (cnt_ms == T1ms - 1) ? 1'b1 : 1'b0;
```

```
39        //选择语句
40        /*****通过计数器 cnt_s，生成 1s 脉冲*****/
41        reg change; //led 由亮变暗和由暗变亮
42        always @ (posedge clk or negedge rst_n)
43        begin
44          if (!rst_n)
45              begin
46                  cnt_s <= 10'd0;
47                  change <= 0;
48              end
49          else if ((cnt_s == T1s - 1) && flag_us && flag_ms)
50          /*等待 flag_us 和 flag_ms 为 1 后，才可清零*/
51              begin
52                  cnt_s <= 10'd0;
53                  change <= ~change;
54              end
55          else if (flag_us && flag_ms)
56              cnt_s <= cnt_s + 1'b1;                //计数
57          else
58              cnt_s <= cnt_s;                       //保持
59      end
60
61      reg pwm_out;                                  //占空比递增的脉冲
62      always @ (posedge clk or negedge rst_n)
63      begin
64          if (!rst_n)
65              pwm_out <= 0;
66          else if (cnt_s > cnt_ms)
67              pwm_out <= 1;
68          else
69              pwm_out <= 0;
70      end
71      assign led = (change == 1) ? ~pwm_out : pwm_out;
72 endmodule
```

编写如下测试代码。

```
/*****************************************************
 *    Engineer        :   小芯
 *    QQ              :   1510913608
 *    E_mail          :   zxopenhl@126.com
 *    The module function:  呼吸灯测试模块
 *****************************************************/
00 `timescale 1ns/1ps
01 module tb;
02    reg clk, rst_n;
03    wire led;
04    breath_led #
05    (
06        .T1μs(5),                    //参数传递
```

```
07          .T1ms(10),
08          .T1s(10))
09      dut
10      (   //计数器模块实例化
11          .clk(clk),
12          .rst_n(rst_n),
13          .led(led)
14      );
15      initial begin                  //输入端口初始化
16          clk = 0;
17          rst_n = 0;
18          #200 rst_n = 1;
19          #3000 $stop;
20      end
21      always #10 clk=~clk;           //模拟系统时钟
22  endmodule
```

3.2.4　仿真分析

编译通过之后可进行仿真分析。得到的仿真波形如图 3.3 所示。

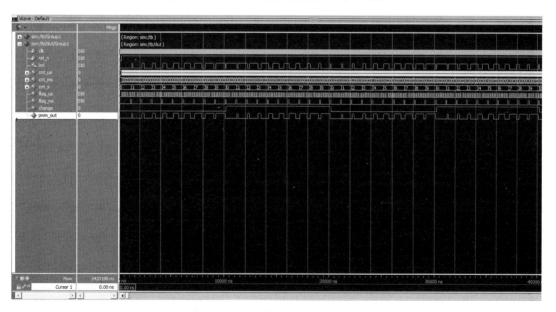

图 3.3

在仿真过程中设置了 3000ns 的延迟，因延迟时间稍短，可单击 run-all 选项让仿真工具继续运行一段时间。通过观察仿真波形可以看出，LED 的占空比逐渐变大，达到最大值时又逐渐变小，之后不断循环这一过程。这一变化过程与之前的设计一致。

分配管脚，查看呼吸灯的下板效果，如图 3.4 所示。

图 3.4

第 4 章

磨刀不误砍柴工，层次设计立头功

4.1 层次化设计实战演练

4.1.1 项目需求

所谓层次化设计，就是对一个很大的项目设计进行拆分，直到拆分成很容易实现的最小模块为止。例如，想盖一栋大楼，首先应先设计工程图纸，然后建筑工人根据工程图纸进行施工。数字电路设计也是如此：在进行具体代码的设计之前，应认真分析整个项目需求，在确定对项目需求理解无误的情况下，按照电路功能的不同，将整个项目划分成若干个比较大的子模块，并根据各子模块的功能进一步细分，直至无法分解。好的层次化设计可以有效降低项目开发的难度，同时有利于团队作战（团队中的每个人只需要完成自己负责的模块，由顶层设计者进行组装、拼接即可完成整个项目的设计）。

一个简易的层次化设计模型如图 4.1 所示。

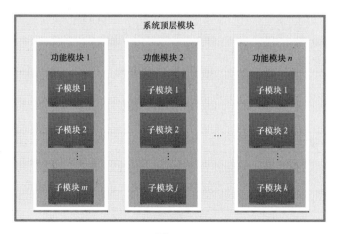

图 4.1

系统顶层模块只负责连线，即将各功能模块正确地组合起来。各功能模块又由各自对应的若干子模块组成，同一模块的子模块之间有着相应的级联关系。

下面以设计流水灯为例说明层次化设计的步骤。在不应用层次化设计方法设计流水灯时，流水灯的实现步骤如下。

❶ 利用状态机实现流水灯的时序。

❷ 由于 LED 的切换时间太短，无法看到流水现象，因此可采用两种方式来控制 LED 的切换：第一种是在状态机中嵌入延时计数器；第二种是创建一个时钟分频模块，利用慢时钟来驱动状态机。

下面小芯将和大家一起学习利用层次化设计方法设计流水灯的步骤。

4.1.2 系统架构

系统顶层模块（LED_flow 模块）的架构如图 4.2 所示。

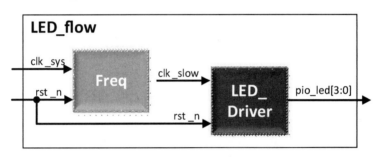

图 4.2

4.1.3 模块设计

对图 4.2 中各模块的功能说明如表 4.1 所示。

表 4.1

模块名称	功能描述
Freq	时钟分频模块，用来分频产生慢时钟
LED_Driver	LED 驱动模块，用于控制 LED 的切换
LED_flow	系统顶层模块，用于级联各功能模块

对图 4.2 中各端口的功能说明如表 4.2 所示。

表 4.2

端口名称	端口说明
clk_sys	输入频率为 50MHz 的系统时钟
rst_n	系统复位
pio_led	LED 驱动端口

对图 4.2 中的系统内部连线说明如表 4.3 所示。

表 4.3

连线名称	连线说明
clk_slow	分频得到的慢时钟信号

4.1.4　代码说明

LED_Driver 模块的代码如下。

```
/**************************************************
 *    Engineer       :  小芯
 *    QQ             :  1510913608
 *    E_mail         :  zxopenhl@126.com
 *    The module function: LED 驱动模块
 **************************************************/
00 module led_learn(
01
02     clk,                         //系统时钟输入
03     rst_n,                       //系统复位
04     pio_led                      //LED 驱动输出
05 );
06     //系统输入
07 input clk;                       //系统时钟输入
08 input rst_n;                     //系统复位
09     //系统输出
10 output reg[3:0]pio_led;          //LED 驱动输出
11     //中间寄存器定义
12 reg[1:0]state;                   //状态寄存器定义
13     //LED 驱动逻辑
14 always@(posedge clk or negedge rst_n)
15 begin
16     if(!rst_n)
17         begin
18             pio_led<=4'b1111;    //LED 全部熄灭
19             state<=0;            //寄存器赋初值
20         end
21     else
22         begin
23             case(state)
24                 :begin
25                     pio_led<=4'b0111;  //第 1 个灯点亮
26                     state<=1;          //状态跳转
27                 end
28                 :begin
29                     pio_led<=4'b1011;  //第 2 个灯点亮
30                     state<=2;          //状态跳转
31                 end
32                 :begin
33                     pio_led<=4'b1101;  //第 3 个灯点亮
34                     state<=3;          //状态跳转
```

```
35                   end
36                  :begin
37                      pio_led<=4'b1110;     //第 4 个灯点亮
38                      state<=0;             //状态跳转
39                  end
40              default:state<=0;
41          endcase
42      end
43  end
44 endmodule
```

LED 驱动模块的功能是在每一个驱动时钟的上升沿，令其状态发生一次跳转，LED 的输出值随之发生改变。

Freq 模块的代码如下。

```
/********************************************************
 *   Engineer      :   小芯
 *   QQ            :   1510913608
 *   E_mail        :   zxopenhl@126.com
 *   The module function: 时钟分频模块
 ********************************************************/
00 module freq(clk,rst_n,clk_slow);
01
02     input clk;               //输入频率为 50MHz 的系统时钟
03     input rst_n;             //系统复位
04     output reg clk_slow;     //慢时钟定义
05     reg[24:0]counter;        //计数器定义
06     //时钟分频电路
07     always@(posedge clk or negedge rst_n)
08     begin
09       if(!rst_n)
10          begin
11              counter<=0;     //计数器赋初值
12              clk_slow<=0;    //慢时钟赋初值
13          end
14       else
15          begin
16              if(counter<2499_9999)
17                  counter<=counter+1;
18              else
19                  begin
20                      counter<=0;
21                      clk_slow<=~clk_slow;
22                  end
23          end
24     end
25 endmodule
```

时钟分频模块的功能是利用计数器实现分频：统计快时钟的个数，驱动慢时钟的计数值进行取反操作，并输出慢时钟。开发板的系统时钟频率为 50MHz，若想让流水灯每秒变化一次，则需要使用时钟分频模块将频率为 50MHz 的系统时钟转化为频率为 1Hz 的时钟。通过计算可知，频率为 50MHz 的系统时钟计数值需要计够 25 000 000 次才能用时 0.5s，因此，可将参数设置为 25 000 000（counter 小于 25 000 000），当计数值等于 25 000 000 时，通过进行取反操作可得到一个完整的时钟周期。

Led_flow 模块的代码如下。

```
/*****************************************************
    *   Engineer       :  小芯
    *   QQ             :  1510913608
    *   E_mail         :  zxopenhl@126.com
    *   The module function:系统顶层模块
    *****************************************************/
00 module Led_flow(clk,rst_n,pio_led);
01
02    input clk;                          //输入频率为 50MHz 的系统时钟
03    input rst_n;                        //系统复位
04    output[3:0]pio_led;                 //LED 驱动输出
05    wire clk_slow;                      //慢时钟定义
06    freq freq
07    (
08        .clk(clk),                      //系统时钟输入
09        .rst_n(rst_n),                  //系统复位
10        .clk_slow(clk_slow)             //慢时钟输出
11    );
12    led_learn led_learn
13    (
14        .clk(clk_slow),                 //驱动时钟输入
15        .rst_n(rst_n),                  //系统复位
16        .pio_led(pio_led)               //LED 驱动输出
17    );
18 endmodule
```

系统顶层模块的功能是将时钟分频模块和 LED 驱动模块进行组装、级联。

小芯温馨提示

建议在系统顶层模块中只进行模块级联操作，不要编写任何逻辑代码。

在编写完代码之后，可查看 RTL 视图，如图 4.3 所示。

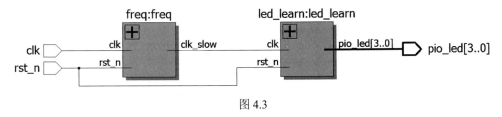

图 4.3

从 RTL 视图可以看出，通过编写代码得到的电路和之前的设计一致。下面将开始编写测试代码。

📖 **小芯温馨提示**

通常情况下，在设计结束后，应先查看 RTL 视图是否正确，只有在系统顶层模块连接正确的情况下，才能进行电路仿真、查看代码时序逻辑是否正确等操作。

```
/*************************************************
 *    Engineer      :   小芯
 *    QQ            :   1510913608
 *    E_mail        :   zxopenhl@126.com
 *    The module function: 测试代码
 *************************************************/
00 `timescale1ns/1ps          //定义时间单位和精度
01
02 module tb;
03     //系统输入
04
05     reg clk;               //输入系统时钟
06     reg rst_n;             //系统复位
07     //系统输出
08     wire[3:0]pio_led;      //输出 LED 驱动
09     initial
10
11     begin
12         clk=0;
13         rst_n=0;
14         #1000.1 rst_n=1;
15     end
16     always#10 clk=~clk;    //50MHz 时钟
17
18     Led_flow Led_flow
19     (
20         .clk(clk),         //输入系统时钟
21         .rst_n(rst_n),     //系统复位
22         .pio_led(pio_led)  //输出 LED 驱动
23     );
24 endmodule
```

4.1.5 仿真分析

得到的仿真波形如图 4.4 所示。

如何查看波形呢？既然整个系统已被划分成若干个比较大的功能模块，那么在查看波形时也应分模块查看。

- 查看 Freq 模块：Freq 模块的功能是将快时钟分频为慢时钟。通过查看波形可知，系统已生成 clk_slow 慢时钟。这说明 Freq 模块设计正确。
- 查看 LED 驱动模块：通过查看波形可知，LED 驱动模块的时钟端口 clk 的频率与 clk_slow 的频率一致，可将慢时钟作为 LED 驱动模块的时钟源。这说明 LED 驱动模

块设计正确。

- 查看 LED_flow 模块：通过查看流水灯的切换位置，判断系统顶层模块的连接是否正确。通过查看波形可知，在每一个驱动时钟上升沿均产生流水灯的切换。这说明 LED_flow 模块的连接正确。

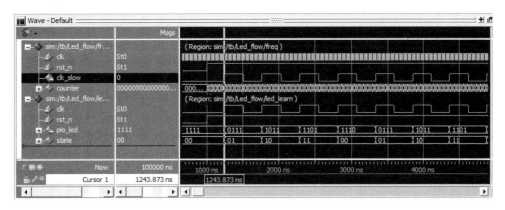

图 4.4

4.1.6　验证分析

在仿真分析完成后，可分配管脚进行下板观察，并使用嵌入式逻辑分析仪（Signal Tap Logic Analyzer）进行验证。调用嵌入式逻辑分析仪的操作步骤如下。

❶ 打开 Quartus 软件，选择 "File→New"，打开 New 对话框，如图 4.5 所示。

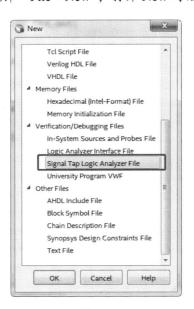

图 4.5

❷ 选中 Signal Tap Logic Analyzer File 选项，单击 OK 按钮即可调用嵌入式逻辑分析仪（Signal Tap Logic Analyzer），打开 Signal Tap 的主界面，如图 4.6 所示。

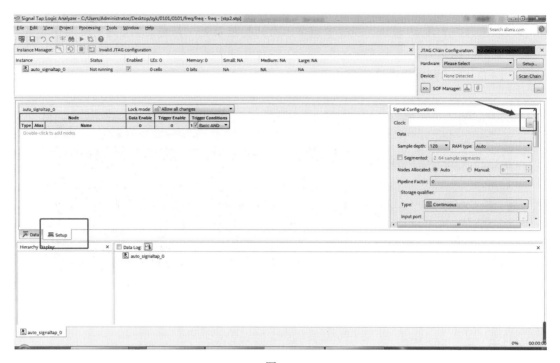

图 4.6

❸ 在使用嵌入式逻辑分析仪进行数据采集之前，应先设置采集时钟（建议最好使用全局时钟作为采集时钟）。打开 Setup 选项卡，在 Signal Configuration 选项卡中，单击 Clock 文本框后的 □ 按钮，打开 Node Finder 对话框，如图 4.7 所示。

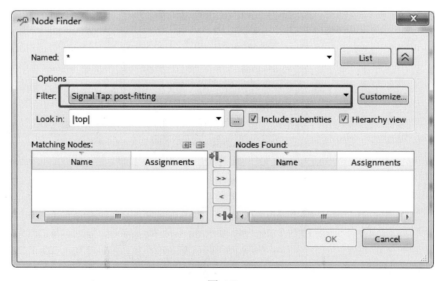

图 4.7

❹ 在 Filter 下拉列表中选择 "Signal Tap：post-fitting" 选项或 "Signal Tap：pre-synthesis" 选项。单击 List 按钮，即可在 Matching Nodes 列表框中显示待观测的信号，如图 4.8 所示。

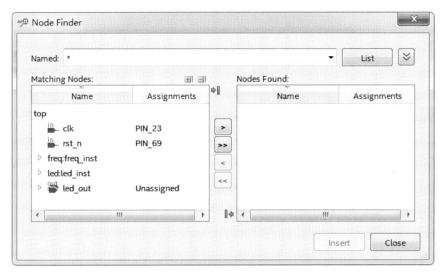

图 4.8

❺ 依次选择待观测的信号，单击 ▸ 按钮将其添加到右侧的 Nodes Found 列表框中，单击 Insert 按钮，如图 4.9 所示。

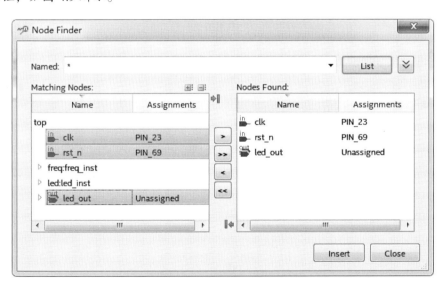

图 4.9

❻ 返回到 Signal Tap 的主界面，设置采样深度和触发位置，即在 Signal Configuration（信号配置区）选项卡的 Sample depth 下拉列表中选择采样深度，这里选择 1K 选项，如图 4.10 所示。

❼ 在 Trigger position（触发位置）下拉列表中选择 Pre trigger position 选项，如图 4.11 所示。

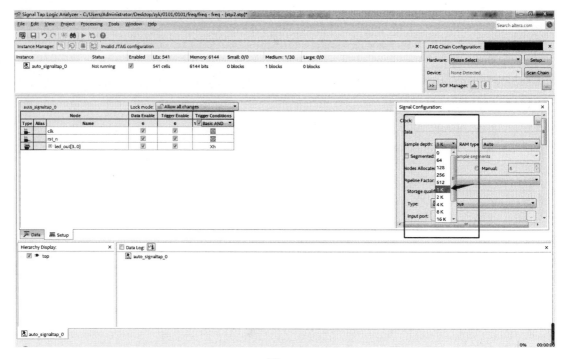

图 4.10

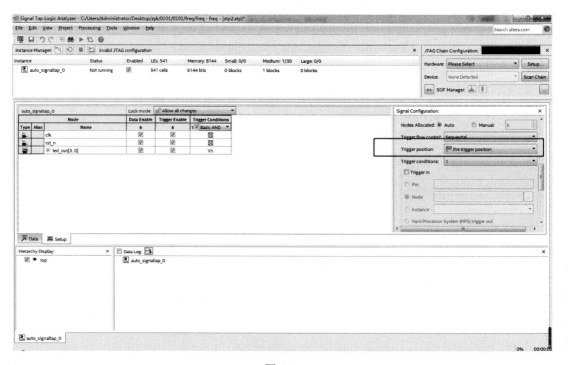

图 4.11

❽ 在 Trigger Conditions 下拉列表中选择 Basic AND 选项，如图 4.12 所示。

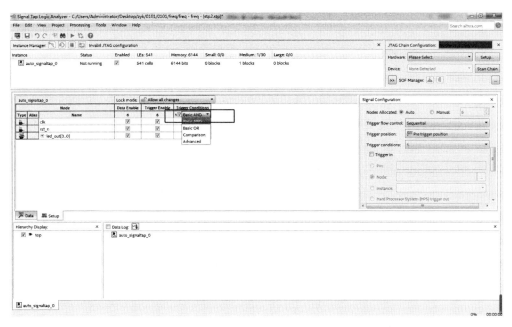

图 4.12

❾ 右键单击 rst_n 行、Trigger Conditions 列的空白处，会弹出一个包含 Basic 触发类型的下拉列表，包括 Don't Care（无关项触发）、Low（低电平触发）、High（高电平触发）、Falling Edge（下降沿触发）、Rising Edge（上升沿触发）、Either Edge（双沿触发），在这里设置为下降沿触发（显示图标为↖）。在 led_out 行、Trigger Conditions 列会默认选择十六进制的采样方式（Xh）。效果如图 4.13 所示。

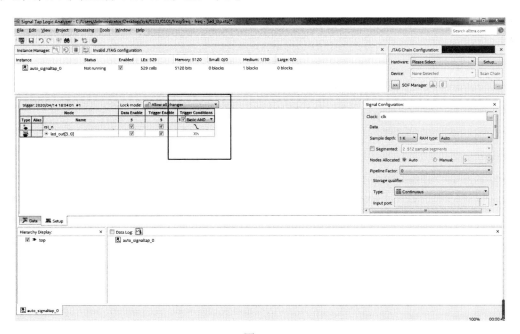

图 4.13

⓾ 在 Signal Configuration（信号配置区）选项卡的 Trigger conditions 下拉列表中可以设置触发条件的个数（最大个数为 10）。在这里设置为 1，如图 4.14 所示。

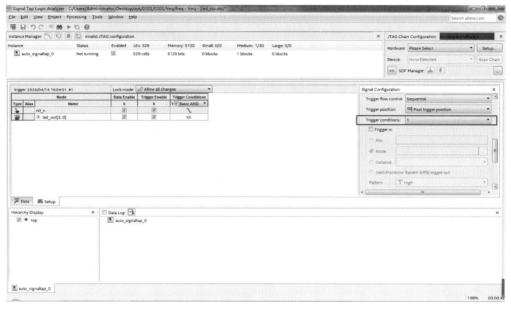

图 4.14

⓫ 选择 "File→Save"，用于保存已经设置好的文件。这时将会弹出提示，询问是否需要修改名称。在这里可以设置名称为 led_stp。

⓬ 保存设置好的文件之后，可将开发板的电源、下载线连接好：单击 Hardware 下拉列表后侧的 Setup 按钮，如图 4.15 所示。

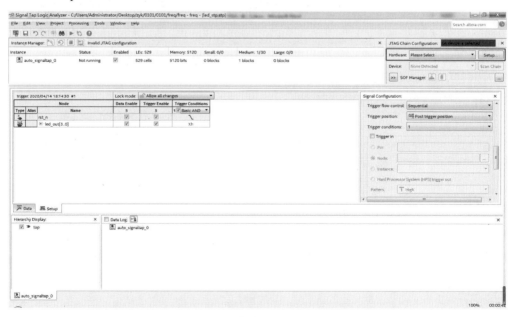

图 4.15

❸ 弹出 Hardware Setup 对话框，双击 USB-Blaster 选项，如图 4.16 所示。

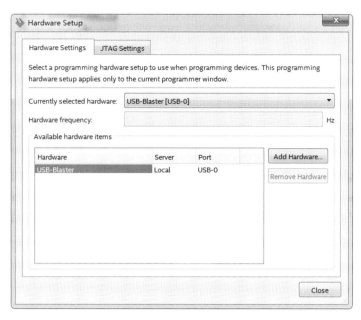

图 4.16

❹ 打开开发板电源，会扫描得到硬件 FPGA，如图 4.17 所示。

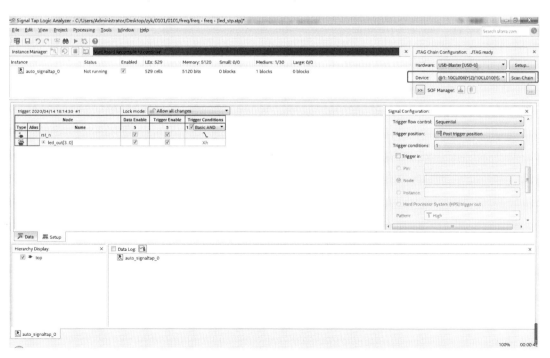

图 4.17

❺ 单击 SOF Manager 选项后的 ▢ 按钮，选中已嵌入嵌入式逻辑分析仪的配置文件，如图 4.18 所示。

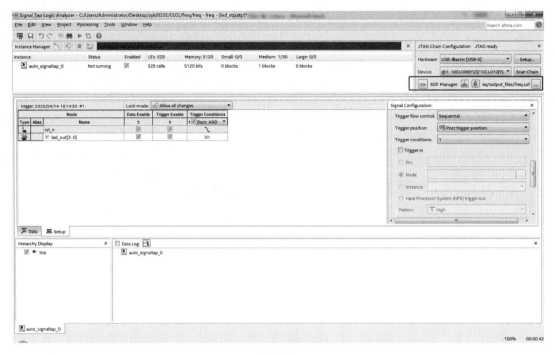

图 4.18

❶❻ 单击 ▶ （Start Compilation）按钮进行全编译，在弹出的提示框中单击 Yes 按钮保存之前所做的修改，如图 4.19 所示。

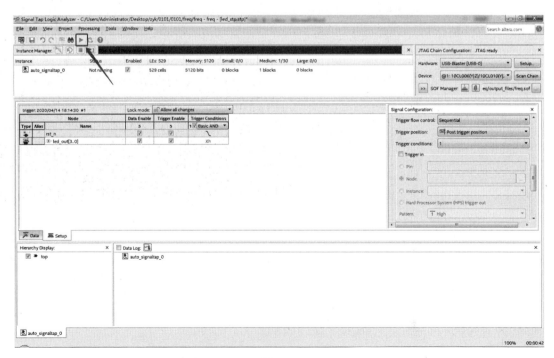

图 4.19

⓱ 编译完成后，单击 █（下载）按钮进行下载，如图 4.20 所示。

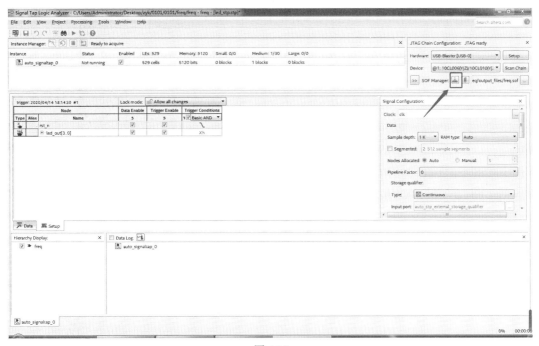

图 4.20

⓲ 完成下载后，在 Signal Tap 主界面的工具栏中有 4 个按钮█ █ █ █高亮显示，如图 4.21 所示。单击█按钮（Run Analysis 按钮）启动嵌入式逻辑分析仪。

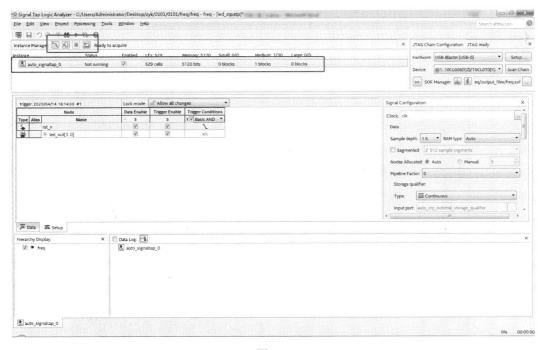

图 4.21

⑲ 嵌入式逻辑分析仪将自动采集数据，并显示在 Data 选项卡中（在这里设置复位信号为低电平有效，并在下降沿触发），如图 4.22 所示。

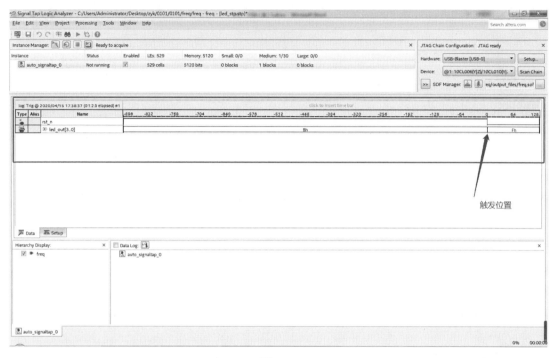

图 4.22

⑳ 在触发复位信号之后，led_out 的值由 B 变为 F，即由 1011 变为 1111，表示所有灯熄灭。观察开发板上 LED 的亮灭情况：全部熄灭，与嵌入式逻辑分析仪中的情况相符，如图 4.23 所示。

图 4.23

4.2 分频器设计实战演练

在数字电路中，时间的计算都是以时钟作为基本单元，因此，时钟具有非常重要的地位。一般来说，开发板上只有一个晶振，即只有一种频率的时钟，但是如果需要用到不同频率的时钟或想得到比固定时钟频率更慢的时钟，则可对固定时钟进行分频操作，若想得到比固定时钟频率更快的时钟，则可在固定时钟频率的基础上进行倍频操作。无论采用分频还是倍频操作，都可通过两种方式实现：一种是利用器件厂商提供的锁相环（PLL）实现；另一种是利用 Verilog HDL 实现。下面将讲解如何利用 Verilog HDL 设计一个分频模块。

4.2.1 偶分频设计

相对奇分频而言，偶分频更为常见（通过一个计数器就可以实现）。如果需要 N 分频（N 为偶数，$N/2$ 为整数），则可通过一个计数器在待分频时钟的触发下循环：计数器从 $0 \sim N/2\text{-}1$ 进行时钟翻转。

📖 **小芯温馨提示**

提到分频，很多初学者可能会想到利用一个计数器进行计数，通过时钟翻转的方法获得想要的时钟。这样的方法的确可以实现偶分频，但若想实现奇分频，则一般需要两个计数器。

偶分频模块的实现代码如下：

```
/********************************************
 *   Engineer       : 小芯
 *   QQ             : 1510913608
 *   E_mail         : zxopenhl@126.com
 *   The module function:  偶分频模块
 ********************************************/
00 module freq(clk_in, rst_n, clk_out);
01   input clk_in;
02   input rst_n;
03   output reg clk_out;
04   parameter N=6;                    //定义分频参数
05   reg[3:0] cnt;
06   always @(posedge clk_in or negedge rst_n)
07   begin
08      if(!rst_n)
09         begin
10            cnt<=4'b0;
11            clk_out<=1'b0;
12         end
13      else if(cnt==(N/2-1))
14         begin
```

```
15                    clk_out <= ~clk_out;    //如果计数器计满，则将输出的时钟信号取反
16                    cnt<= 4'b0;
17           end
18        else
19           cnt<=cnt+1;
20     end
21 endmodule
```

编写偶分频模块的测试代码：

```
/*************************************************
 *    Engineer       :   小芯
 *    QQ             :   1510913608
 *    E_mail         :   zxopenhl@126.com
 *    The module function: 偶分频模块的测试代码
 *************************************************/
00 `timescale 1ns/1ps
01 module tb;
02    reg clk_in, rst_n;
03    wire clk_out;
04    freq dut
05    (     //模块实例化
06       .clk_in(clk_in),
07       .rst_n(rst_n),
08       .clk_out(clk_out)
09    );
10    initial begin                          //端口初始化并添加激励
11    clk_in = 0;
12    rst_n = 0;
13    #200 rst_n = 1;
14    #5000 $stop;
15    end
16    always #10 clk_in = clk_in;            //产生系统时钟
17 endmodule
```

在代码编译通过后可进行仿真分析、观察波形等操作，如图 4.24 所示。

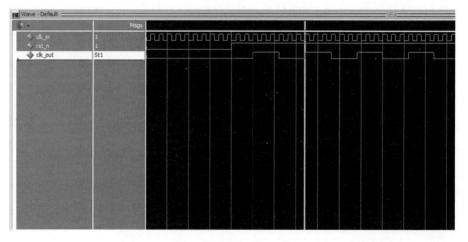

图 4.24

最终输出的时钟信号 clk_out 的高、低电平各占 3 个时钟周期，与代码中的设计一致。在高电平或低电平中的计数值达到 $N/2-1$ 时将会发生时钟翻转，从而产生一个完整的时钟周期。

4.2.2　奇分频设计

奇分频可通过修改偶分频的步骤进行设计，但是其占空比不可能为 50%。以三分频为例，其波形如图 4.25 所示。

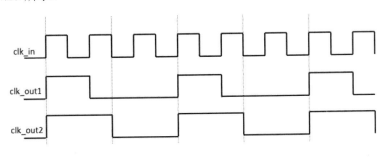

图 4.25

通过观察波形可以看出，clk_out1 是通过修改偶分频得到的三分频波形；clk_out2 是我们想要得到的占空比为 50%的三分频波形，clk_out2 的低电平在 clk_in 的下降沿触发，可利用 always 语句进行计数。

在奇分频（以 N 分频为例，N 为奇数）设计中，很容易想到这种方案：计数到 N 时就将计数器清零，并翻转时钟。那么，利用这种设计方案是否能够得到我们想要的奇分频呢？下面开始编写这种方案的奇分频模块代码。

```
/*********************************************
 *   Engineer    :  小芯
 *   QQ          :  1510913608
 *   E_mail      :  zxopenhl@126.com
 *   The module function: 奇分频模块
 *********************************************/
00 module freq(clk_in, rst_n, clk_out);
01    input clk_in;
02    input rst_n;
03    output reg clk_out;
04    parameter N=3;    //定义分频参数
05    reg [3:0] cnt;
06    always @(posedge clk_in, negedge rst_n, negedge clk_in)
07    begin
08       if(!rst_n)
09          begin
10             cnt<= 4'b0;
11             clk_out<= 1'b0;
12          end
13       else if(cnt==(N-1))
14          begin
```

```
15                clk_out<= ~clk_out;        //如果计数器计满则将输出的时钟信号取反
16                cnt<= 4'b0;
17            end
18        else
19            cnt<=cnt+1;
20    end
21 endmodule
```

代码编写完成后，可进行编译。模块报错，如图 4.26 所示。

⊗ Error (10239): Verilog HDL Always Construct error at diveder.v(11): event control cannot test for both positive and negative edges of variable "clk_in"

图 4.26

系统显示的错误原因是 always 语句不能同时捕获 clk_in 的上升沿和下降沿，因此，这种方案不可行。由之前的分析可知，在奇分频中必须用到上升沿和下降沿，为了能够同时捕获 clk_in 的上升沿和下降沿，可利用两个 always 语句实现，那么如何实现呢？

继续观察三分频波形，如果对 clk_in 的上升沿进行计数，则必定会出现 clk_out1 或~clk_out1 的波形；对 clk_in 的下降沿计数也是如此。重新绘制三分频波形，如图 4.27 所示。

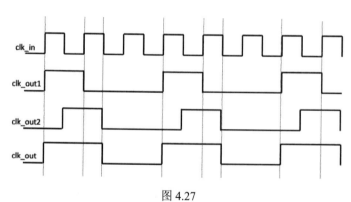

图 4.27

通过观察图 4.27 可知，生成了一个由上升沿触发的波形（clk_out1），以及一个由下降沿触发的波形（clk_out2）。这两个波形与输出波形（clk_out）有什么关系呢？输出波形 clk_out 是通过 clk_out1 和 clk_out2 相与得到的，即 clk_out=clk_out1 | clk_out2。下面重新开始编写代码。

```
/************************************************
 *    Engineer       :   小芯
 *    QQ             :   1510913608
 *    E_mail         :   zxopenhl@126.com
 *    The module function: 奇分频模块
 ************************************************/
00 module diveder (clk_in, rst_n, clk_out);
01    parameter N = 5;              //分频参数
02    input clk_in;                 //输入频率为 50MHz 的时钟
03    input rst_n;                  //系统复位
```

```
04      output clk_out;                   //分频时钟输出
05      reg [7:0] cnt1;                    //上升沿计数器
06      reg clk_out1;                      //上升沿分频输出
07      /*计数器外置，上升沿计数到(N-1)/2 或 N-1 时，clk_out1 进行翻转*/
08      always @ (posedge clk_in or negedge rst_n)
09      begin
10          if (!rst_n)
11              cnt1<=0;
12          else if(cnt1==N-1)
13              cnt1<=0;
14          else
15              cnt1<=cnt1+1;
16      end
17      always @ (posedge clk_in or negedge rst_n)
18      begin
19          if(!rst_n)
20              clk_out1<=0;
21          else if ((cnt1==(N-1)/2)||(cnt1==N-1))
22              clk_out1<=~clk_out1;
23      end
24      reg [7:0] cnt2;                    //下降沿计数器
25      reg clk_out2;                      //下降沿分频输出
26      /*计数器外置，下降沿计数到(N-1)/2 或 N-1 时，clk_out2 进行翻转*/
27      always @ (negedge clk_in or negedge rst_n)
28      begin
29          if (!rst_n)
30              cnt2 <= 0;
31          else if (cnt2 == N-1)
32              cnt2 <= 0;
33          else
34              cnt2 <= cnt2 + 1;
35      end
36      always @ (negedge clk_in or negedge rst_n)
37      begin
38          if (!rst_n)
39              clk_out2 <= 0;
40          else if ((cnt2 == (N-1) / 2) || (cnt2 == N-1))
41              clk_out2<=~clk_out2;
42      end
43      assign clk_out=clk_out1 | clk_out2;
44  endmodule
```

对以上代码的说明如下。

- 使用两个计数器：在时钟上升沿触发的计数器 cnt1、在时钟下降沿触发的计数器 cnt2。
- 生成两个控制信号：clk_out1 和 clk_out2。cnt1 计数到 (N-1)/2 时，clk_out1 发生翻转，计数到 N-1 时，clk_out1 再次发生翻转。与此同时，cnt2 计数到 (N-1)/2 时，clk_out2 发生翻转，计数到 N-1 时，clk_out2 再次发生翻转。

- 求出分频后的时钟：如果高/低电平的比例为 $N-1/2:N-1/2+1$，则分频时钟 clk_out= clk_out1 || clk_out2；如果高/低电平的比例为 $N-1/2+1:N/2$，则分频时钟 clk_out= clk_out1 && clk_out2。

在编写完代码后，可利用上一节中偶分频的测试文件进行测试，得到的仿真波形如图 4.28 所示。

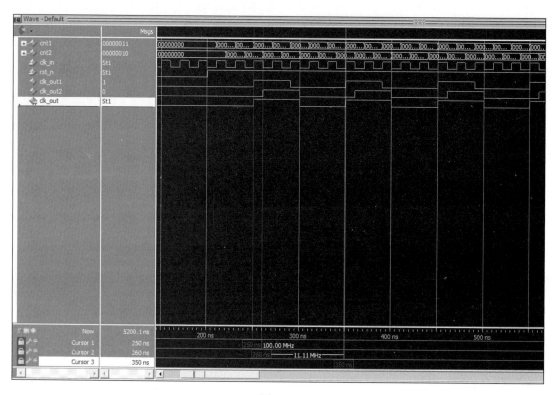

图 4.28

通过观察波形可以看出，clk_out1 是在输入时钟的上升沿发生变化的；clk_out2 是在输入时钟的下降沿发生变化的，最终的输出 clk_out 由两个时钟信号相或而成，与之前的设计相符。

第 5 章

内涵丰富本领多，谁与 IP 核争锋

IP 核就是知识产权 IP（Intellectual Property），是指那些已经得到验证的、可重复利用的、具有某种确定功能的 IC 模块。可将 IP 核分为软 IP（Soft IP Core）、固 IP（Firm IP Core）和硬 IP（Hard IP Core）。

- 软 IP 是用某种高级语言来描述功能块的行为，但并不涉及电路种类，以及电路元器件实现何种行为。
- 固 IP 除了要完成软 IP 的所有功能，还要完成门电路和时序仿真等的设计环节，一般以门级网表的形式提交给用户使用。
- 硬 IP 是一个综合功能块，已有固定的拓扑布局和具体工艺，并经过工艺验证，具有稳定的性能。

小芯温馨提示

IP 核的设计深度越深，后续工序就越少，灵活性越小。

5.1 锁相环实战演练

小芯认为与其他集成芯片相比，FPGA 的最大优势就是执行速度快。下面小芯将和大家一起学习 FPGA 片内时钟管理单元 PLL（锁相环）的设计方法：

- 利用锁相环，可以在一个很大的范围内实现任意大小的分频和倍频。
- 利用锁相环，可以有效减少时钟发生部分的代码量。
- 利用锁相环的"全局时钟树"，可以得到较高的时钟管理效率。

5.1.1　项目需求

利用一个锁相环最多可以生成 5 个不同频率的时钟。在这里使用锁相环将 50MHz 的系统时钟分为两个时钟：一个时钟的频率为 25MHz；另一个时钟的频率为 100MHz。通过这种方式，可以学会利用锁相环实现分频和倍频的基本操作。

5.1.2　操作步骤

❶ 启动 Quartus II 19.1，如图 5.1 所示。

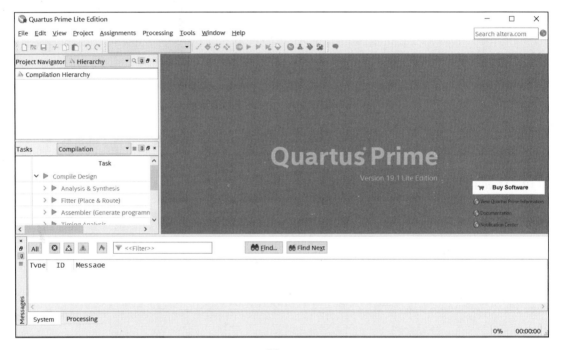

图 5.1

❷ 创建锁相环的测试工程 pll_test（工程的创建已在前面的章节做过介绍，这里不再赘述）。在工程创建完成后，可选择 "Tools→IP Catalog"，如图 5.2 所示。

❸ 此时将打开 IP Catalog 界面，依次单击 "Library→Basic Functions→Clocks;PLLs and Resets→PLL→ALTPLL"，找到锁相环所在的位置；也可在 IP Catalog 搜索框中输入 PLL 进行查找，如图 5.3 所示。

❹ 弹出如图 5.4 所示的 Save IP Variation 对话框。为 IP 核命名（在这里将 IP 核命名为 my_pll），选中 Verilog 单选按钮。单击 OK 按钮后，系统将进入 PLL 的设置向导，如图 5.5 所示。

❺ 在图 5.5 中输入时钟频率（晶振时钟频率或外部时钟频率）。由于开发板所携带的系统时钟频率为 50MHz，因此在这里输入 50MHz，单击 Next 按钮，弹出如图 5.6 所示的界面。

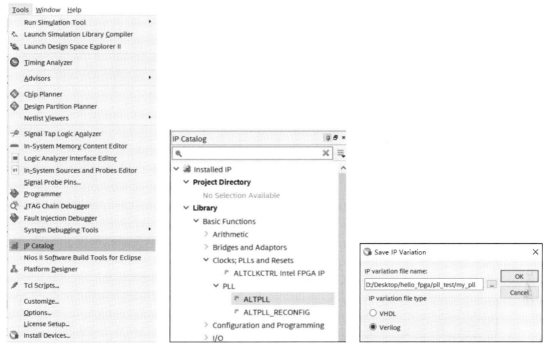

图 5.2　　　　　　　　　图 5.3　　　　　　　　　图 5.4

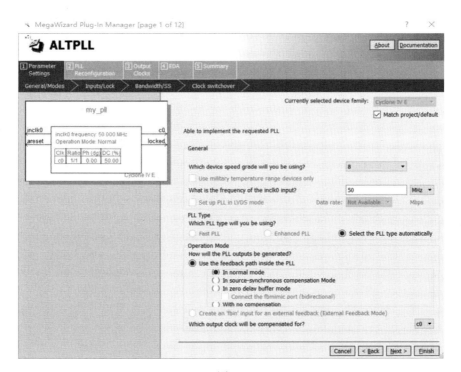

图 5.5

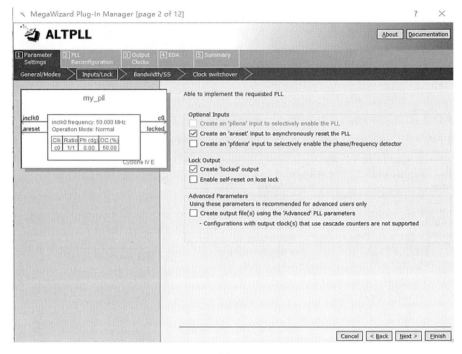

图 5.6

❻ 勾选 Create an 'areset' input to asynchronously reset the PLL 和 Create 'locked' output 复选框，单击 Next 按钮，弹出如图 5.7 所示的界面。

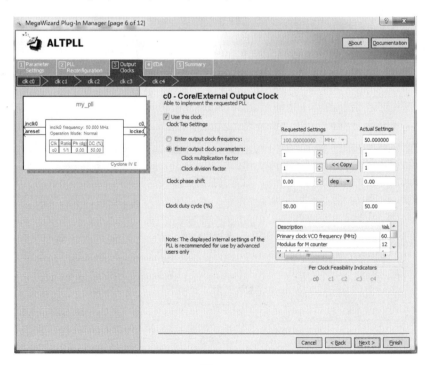

图 5.7

❼ 单击 Next 按钮，直至弹出如图 5.8 所示的界面。

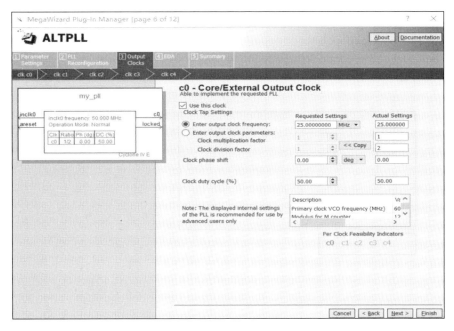

图 5.8

❽ 设置第一个时钟频率：选中 Enter output clock frequency 单选按钮，输入想要输出的时钟频率（在这里输入 25MHz）；在 Clock phase shift 中可以调节相位；在 Clock duty cycle（%）中可以设置占空比（在本次设计中，不对相位和占空比进行调节，令其保持默认值即可）。单击 Next 按钮，弹出如图 5.9 所示的界面。

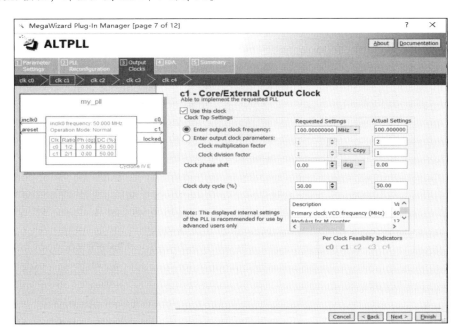

图 5.9

❾ 设置第二个时钟频率：输入想要输出的时钟频率（在这里输入 100MHz）。单击 Next 按钮，直至出现如图 5.10 所示的界面。选中文件 my_pll_inst.v（文件 my_pll_inst.v 是调用 IP 核的端口），单击 Finish 按钮。

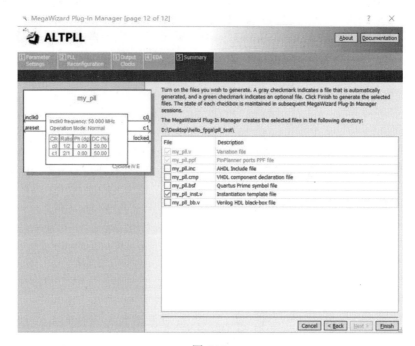

图 5.10

5.1.3 模块设计

通过 IP 核的设置向导可知，文件 my_pll_inst.v 是调用 IP 核的端口，my_pll 是调用锁相环的端口，也是系统顶层模块。绘制 my_pll 的架构图，如图 5.11 所示。

图 5.11

通过图 5.11 可知，my_pll 端口又包括多个子端口，对各子端口功能的说明如表 5.1 所示。

表 5.1

子端口名称	子端口功能说明
clk	输入时钟
areset	复位高电平
clk_25M	输出 25MHz 的时钟频率
clk_100M	输出 100MHz 的时钟频率
locked	时钟稳定信号

5.1.4　代码说明

锁相环应用的实例代码如下。

```
/**********************************************************
 *   Engineer       :  小芯
 *   QQ             :  1510913608
 *   E_mail         :  zxopenhl@126.com
 *   The module function: 锁相环的应用
 **********************************************************/
00  module pll (
01
02                  clk,            //输入时钟
03                  areset,         //复位信号
04                  clk_25M,        //输出 25MHz 的时钟频率
05                  clk_100M,       //输出 100MHz 的时钟频率
06                  locked          //时钟稳定信号
07              );
08                                  //系统输入
09      input clk;                  //输入时钟
10      input areset;               //复位信号
11                                  //系统输出
12      output clk_25M;             //输出 25MHz 的时钟频率
13      output clk_100M;            //输出 100MHz 的时钟频率
14      output locked;              //时钟稳定信号
15      // 调用 IP 核
16      my_pll my_pll_inst (
17          .areset ( areset ),     //复位信号
18          .inclk0 ( clk ),        //输入系统时钟
19          .c0 ( clk_100M ),       //输出 100MHz 的时钟频率
20          .c1 ( clk_25M ),        //输出 25MHz 的时钟频率
21          .locked ( locked )      //时钟稳定信号
22      );
23
24  endmodule
```

小芯温馨提示

　　在以上代码中只简单地调用了 **PLL** 的 **IP** 核，其主要目的是让大家学会如何调用 **IP** 核。

编写锁相环应用的测试代码，如下所示。

```
/**********************************************************
 *   Engineer       :  小芯
 *   QQ             :  1510913608
```

```
*   E_mail       :  zxopenhl@126.com
*   The module function:  锁相环应用的测试代码
*************************************************/
00   `timescale 1ns/1ps                  //定义时间单位和精度
01
02   module pll_test_tb;
03
04
05      //系统输入
06      reg clk;                         //输入时钟
07      reg areset;                      //复位信号
08      //系统输出
09      wire clk_25M;                    //输出 25MHz 的时钟频率
10      wire clk_100M;                   //输出 100MHz 的时钟频率
11      wire locked;                     //时钟稳定信号
12
13      initial clk = 0;
14      always #10 clk = ~clk;           //50MHz 时钟频率
15
16      initial begin
17         areset = 1'b1;                //锁相环高电平复位
18         #51
19         areset = 1'b0;                //延迟 101ns 让锁相环置位
20
21         repeat (50)begin             //观测 clk_25M 子端口 50 个时钟周期
22            @(posedge clk_25M);
23         end
24
25         $stop;                        //运行 50 次后停止
26
27      end
28
29      pll_test pll_test_inst(
30         .clk(clk),                    //输入时钟
31         .areset(areset),              //复位信号
32         .clk_25M(clk_25M),            //输出 25MHz 的时钟频率
33         .clk_100M(clk_100M),          //输出 100MHz 的时钟频率
34         .locked(locked)               //时钟稳定信号
35      );
36
37   endmodule
```

5.1.5 仿真分析

得到的仿真波形如图 5.12 所示。

当输出的时钟频率稳定后，locked（时钟稳定）信号由低电平变为高电平。在输出的两个时钟中，一个时钟频率为 25MHz，另一个时钟频率为 100MHz，达到了设计要求，这就证明以上操作步骤和代码都是正确的。

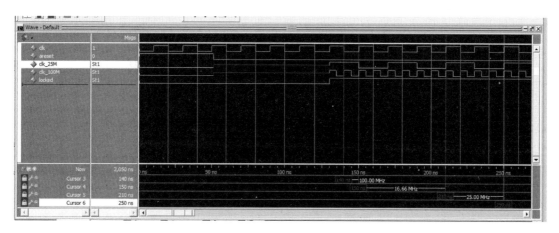

图 5.12

5.1.6 使用 Locked 信号

由于在设计中见到的复位大多是针对低电平的复位，locked 信号正好符合低电平复位的条件，因此往往将其作为复位信号来使用。在使用 locked 信号之前，应先对 locked 信号进行时钟信号的寄存，具体实现代码如下：

```
/*********************************************************
*    Engineer        :   小芯
*    QQ              :   1510913608
*    E_mail          :   zxopenhl@126.com
*    The module function: 锁相环 locked 的应用
*********************************************************/
00   module pll_test (
01
02      clk,                    //输入时钟
03      areset,                 //复位信号
04      clk_25M,                //输出 25MHz 的时钟频率
05      clk_100M,               //输出 100MHz 的时钟频率
06      rst_n_25M,              //25MHz 时钟频率的复位输出
07      rst_n_100M              //100MHz 时钟频率的复位输出
08      );
09      //系统输入
10      input clk;              //输入时钟
11      input areset;           //复位信号
12      //系统输出
13      output clk_25M;         //25MHz 的时钟频率输出
14      output clk_100M;        //100MHz 的时钟频率输出
15      output reg rst_n_25M;   //25MHz 时钟频率的复位输出
16      output reg rst_n_100M;  //100MHz 时钟频率的复位输出
17
18      wire locked;            //时钟稳定信号
19
20      always @(posedge clk_25M)
```

```
21          begin
22              if(areset == 1'b1)
23                  rst_n_25M <= 1'b0;
24              else
25                  rst_n_25M <= locked;
26          end
27
28      always @(posedge clk_100M)
29          begin
30              if(areset == 1'b1)
31                  rst_n_100M <= 1'b0;
32              else
33                  rst_n_100M <= locked;
34          end
35
36
37                                      //调用IP核
38      my_pll  my_pll_inst (
39          .areset(areset),            //复位信号
40          .inclk0(clk),               //系统时钟输入
41          .c0(clk_25M),               //100MHz的时钟频率输出
42          .c1(clk_100M),              //25MHz的时钟频率输出
43          .locked(locked)             //时钟稳定信号
44      );
45
46  endmodule
```

将之前的仿真代码稍加修改，具体的仿真代码如下：

```
/*********************************************************
*   Engineer       :   小芯
*   QQ             :   1510913608
*   E_mail         :   zxopenhl@126.com
*   The module function:  锁相环模块的测试
*********************************************************/
00   `timescale 1ns/1ps                 //定义时间单位和精度
01
02   module pll_test_tb;
03
04
05                                      //系统输入
06      reg clk;                        //输入时钟
07      reg areset;                     //复位信号
08                                      //系统输出
09      wire clk_25M;                   //25MHz的时钟频率输出
10      wire clk_100M;                  //100MHz的时钟频率输出
11      wire rst_n_25M;                 //25MHz时钟频率的复位输出
12      wire rst_n_100M;                //100MHz时钟频率的复位输出
13
14      initial clk = 0;
15      always #10 clk = ~clk;          //50MHz时钟
```

```
16
17    initial begin
18        areset = 1'b1;
19        #51
20        areset = 1'b0;
21
22        repeat (50)begin
23            @(posedge clk_25M);
24        end
25
26        $stop;
27
28    end
29
30    pll_test pll_test_inst(
31        .clk(clk),                //输入时钟
32        .areset(areset),          //复位信号
33        .clk_25M(clk_25M),        //25MHz 的时钟频率输出
34        .clk_100M(clk_100M),      //100MHz 的时钟频率输出
35        .rst_n_25M(rst_n_25M),    //25MHz 的时钟频率的复位输出
36        .rst_n_100M(rst_n_100M)   //100MHz 的时钟频率的复位输出
37
38    );
39
40 endmodule
```

最终实现的仿真波形如图 5.13 所示。

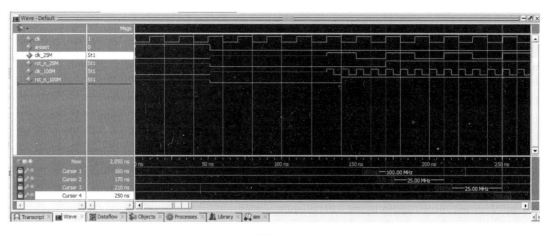

图 5.13

5.2　ROM 实战演练

在项目设计的过程中，通常需要使用一些固定的数据。如果在项目设计的过程中使用的是单片机，那么在数据量比较大的情况下，这些数据就必须存储在外挂的存储芯片中；如果

在项目设计的过程中使用的是 FPGA，那么在数据量不是特别大的情况下，可以将这些数据存储到 FPGA 片内的存储器中，这样既节约了成本，又可以令数据不容易受到外界干扰。下面小芯将和大家一起学习 FPGA 只读存储器 IP 核——ROM 的设计方法。

5.2.1　项目需求

设计一个 ROM（Read-Only Memory）控制器，该控制器负责输出 0～255 的地址数据，将地址总线连接到 ROM 地址的输入端，查看 ROM 输出的数据是否正确。

5.2.2　操作步骤

❶ 创建一个 ROM 的数据初始化文件：".mif" 文件（".mif" 文件用来存放初始数据。由于 ROM 是只读存储器，因此不能对其内部写入外部数据）；创建用于测试 ROM 的工程：rom_test；创建一个内存初始化文件：Memory Initialization File 文件，如图 5.14 所示。

❷ 定义位宽和深度，在这里设置 Word size（位宽）为 8（单位为 bits）；设置 Number of words（深度）为 256（单位为 words），如图 5.15 所示。

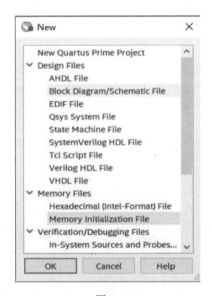

图 5.14

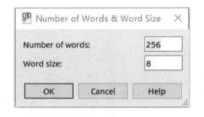

图 5.15

❸ 创建完成后，将创建的 ".mif" 文件通过选择 "File→Save As" 存储到工程文件夹中，并将 ".mif" 文件命名为 rom_test.mif。存储完成后，可进行数据填充（在这里，小芯利用软件自带的一种数据填充方式来填充 0～255，大家可按照自己的需求填充初始值）：右键单击想要填充的数据，在弹出的快捷菜单中选择 Custom Fill Cells，如图 5.16 所示。

❹ 此时将弹出 Custom Fill Cells 对话框，设置 Starting address（开始地址）为 0，Ending address（结束地址）为 255；选中 Incrementing/ decrementing（递增/递减）单选按钮；设置 Starting value（初始值）为 0；在下拉列表中选择 Increment（递增）选项，在 by 后的文本框中输入 1。设置完成后单击 OK 按钮，如图 5.17 所示。

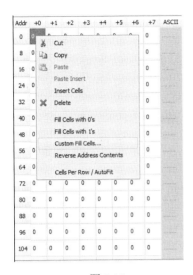

图 5.16

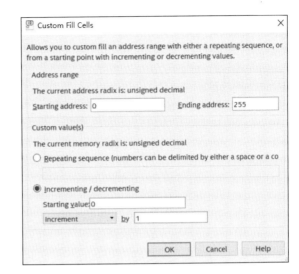

图 5.17

❺ 创建完成的 ".mif" 文件（地址为 0～255，数据从 0 开始，每次增加 1），如图 5.18 所示。

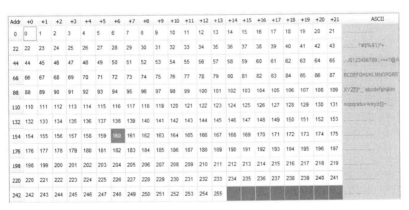

图 5.18

❻ 在右侧的 IP 核搜索区中输入 rom，即可找到 "ROM:1-PORT" 选项，双击该选项，如图 5.19 所示，弹出 Save IP Variation 对话框。

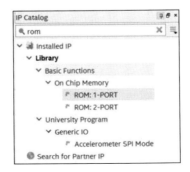

图 5.19

小芯温馨提示

在这里使用的是单端口 ROM，若大家对双端口 ROM 感兴趣的话，可自行调用，这里不再赘述。

❼ 选中 Verilog 单选按钮（选择语言类型为 Verilog），并为该 IP 核命名（在这里将 IP 核命名为 my_rom），单击 OK 按钮，如图 5.20 所示。

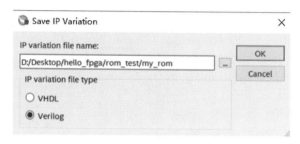

图 5.20

❽ 此时将进入 ROM 的设置向导：设置深度和位宽，在这里将深度设置为 256words，位宽为 8bits，如图 5.21 所示。单击 Next 按钮。

小芯温馨提示

ROM 的深度和位宽必须与创建 ".mif" 文件时设置的深度和位宽一致。

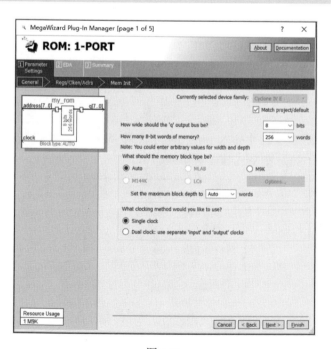

图 5.21

❾ 此时将弹出如图 5.22 所示的界面。将输出端口的寄存器保持为默认值（如果在输出端加上寄存器，则在输出时会延迟一个时钟周期，但是会增加整个系统数据的吞吐量，因此建议加上寄存器），单击 Next 按钮。

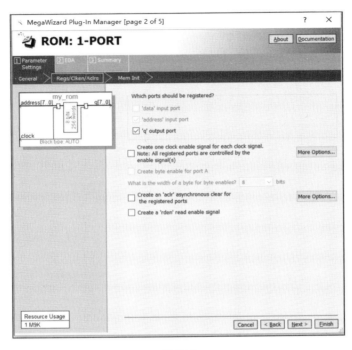

图 5.22

❿ 进入如图 5.23 所示的界面，单击 Browse 按钮，找到之前创建的".mif"文件，并将其添加进来，单击 Next 按钮。

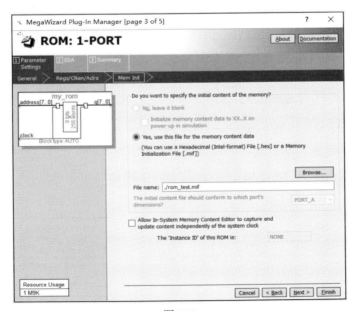

图 5.23

⓫ 继续单击 Next 按钮，直至出现如图 5.24 所示的界面，勾选 my_rom_inst.v 复选框，单击 Finish 按钮，完成 ROM 的设置。

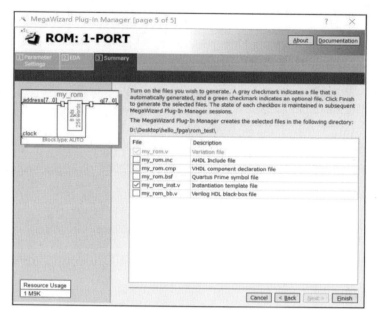

图 5.24

5.2.3　模块设计

由于 ROM 是只读存储器，因此需要在指定地址后，ROM 才能输出对应地址的数据。绘制 rom_test 的架构图，如图 5.25 所示。

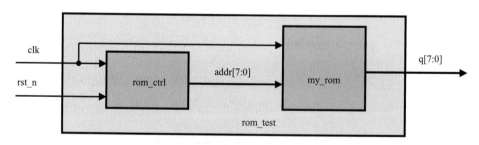

图 5.25

对 rom_test 架构图中的各模块功能说明如表 5.2 所示。

表 5.2

模块名称	功能描述
rom_ctrl	ROM 的控制模块，用于产生递增的地址信号
my_rom	ROM 存储器的 IP 核
rom_test	系统顶层模块，负责子模块的级联

对系统顶层模块的端口说明如表 5.3 所示；对系统内部连线的说明如表 5.4 所示。

表 5.3

端口名称	端口说明
clk	系统时钟输入
rst_n	系统复位
q	数据输出

表 5.4

连线名称	连线说明
addr	rom_ctrl 产生的地址信号

5.2.4　代码说明

rom_ctrl 模块（ROM 的控制模块）的代码如下。

```
/**********************************************
*   Engineer       :   小芯
*   QQ             :   1510913608
*   E_mail         :   zxopenhl@126.com
*   The module function:  ROM 的控制模块
**********************************************/
00   module rom_ctrl (
01
02       clk,                        //系统时钟输入
03       rst_n,                      //系统复位
04       addr                        //地址输出
05       );
06                                   //系统输入
07     input clk;                    //系统时钟输入
08     input rst_n;                  //系统复位
09
10     output reg[7:0] addr;         //地址输出
11
12                                   //产生地址电路
13     always @ (posedge clk, negedge rst_n)
14        begin
15          if(!rst_n)
16             addr <= 8'd0;         //复位时地址为 0
17          else
18             if(addr < 255)        //让地址在 0～255 之间循环
19                addr <= addr + 1'b1;
20             else
21                addr <= 8'd0;
22        end
23
24   endmodule
```

本模块只是产生了有效的地址信号，即让地址信号在 0～255 之间循环，用于 ROM 的输入、遍历 ROM 全部存储空间、验证 ROM 是否能够正确地输出对应地址的数据。

rom_test 模块（系统顶层模块）的代码如下。

```
/*************************************************
 *    Engineer       :  小芯
 *    QQ             :  1510913608
 *    E_mail         :  zxopenhl@126.com
 *    The module function: 系统顶层模块
 *************************************************/
00   module rom_test (
01
02          clk,                  //系统时钟输入
03          rst_n,                //系统复位
04          q                     //有效数据输出
05        );
06                                //系统输入
07     input clk;                 //系统时钟输入
08     input rst_n;               //系统复位
09                                //系统输出
10     output [7:0] q;            //有效数据输出
11                                //定义中间连线
12     wire [7:0] addr;           //定义地址信号
13     //实例化 rom_ctrl
14     rom_ctrl rom_ctrl (
15        .clk(clk),              //系统时钟输入
16        .rst_n(rst_n),          //系统复位
17        .addr(addr)             //地址输出
18     );
19     //IP 核--rom 的调用
20     my_rom my_rom_inst(
21        .address(addr),         //地址输入
22        .clock(clk),            //时钟输入
23        .q(q)                   //有效数据输出
24     );
25   endmodule
```

本模块只用于连接，没有任何的逻辑代码。在编写完代码之后，可查看 RTL 视图，如图 5.26 所示。

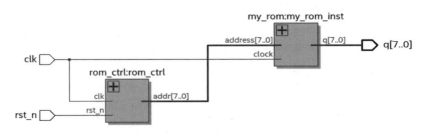

图 5.26

从 RTL 视图可以看出，通过编写代码得到的电路和之前设计的系统框架一致。下面将开始编写测试代码。

```
/*******************************************************
 *   Engineer      :    小芯
 *   QQ            :    1510913608
 *   E_mail        :    zxopenhl@126.com
 *   The module function: 系统顶层模块测试
 *******************************************************/
00   `timescale 1ns/1ps              //定义时间单位和精度
01
02   module rom_test_tb;
03
04     //系统输入
05     reg clk;                      //系统时钟输入
06     reg rst_n;                    //系统复位
07     //系统输出
08     wire [7:0] q;                 //有效数据输出
09
10     initial clk= 1'b0;
11     always #10 clk = ~clk;        //50MHz 的时钟频率
12
13     initial begin
14     rst_n = 0;
15     # 200.1
16     rst_n = 1;
17     #30
18       repeat (256*3)begin         //观测 ROM 三个周期
19       @(posedge clk);
20       end
21     $stop;                        //停机
22     end
23
24     rom_test rom_test_inst (
25       .clk(clk),                  //系统时钟输入
26       .rst_n(rst_n),              //系统复位
27       .q(q)                       //有效数据输出
28     );
29   endmodule
```

5.2.5　仿真分析

得到的仿真波形如图 5.27 所示。

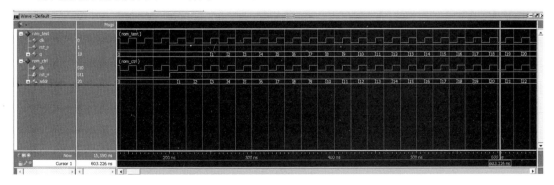

图 5.27

当复位信号被拉高（置位）以后，addr（地址）开始发生变化，q（ROM 的输出）也开始输出有效数据。数据和地址之间存在两个时钟周期的延迟：一个时钟周期的延迟是由于 ROM 的内部结构导致的（当检测到地址变化时，不能马上输出数据，而是在下一个时钟周期的上升沿到来时才输出数据）；另一个时钟周期的延迟是由于在输出时添加了一个寄存器导致的，如图 5.28 所示。

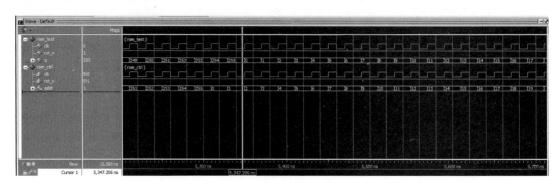

图 5.28

在地址循环的同时，对应地址的有效数据也会循环输出，这就证明在此实例中 IP 核的设计正确。

5.3　RAM 实战演练

在项目设计的过程中，有时需要将采集到的数据先存储起来，等到需要时再调用。如果是这种情况，那就要求存储器必须可读、可写。下面小芯将和大家一起学习 FPGA 可读/写存储器 IP 核——RAM 的使用方法。

5.3.1　项目需求

设计一个 RAM 控制器，该控制器负责对 RAM 进行读/写操作：先将数据写入 RAM，再将数据全部读出。如果读出的数据和写入的数据完全一致，则说明可读/写存储器 IP 核的操作和设计正确。

5.3.2　操作步骤

❶ 创建用于测试 RAM 的工程，名称为 ram_test。工程创建完成后，在右侧的 IP 核搜索区中输入 ram，即可找到 "RAM:1-PORT" 选项，双击该选项，如图 5.29 所示。

❷ 弹出 Save IP Variation 对话框，选中 Verilog 单选按钮（选择语言类型为 Verilog），并为该可读/写存储器 IP 核命名（在这里将其命名为 my_ram），单击 OK 按钮，如图 5.30 所示。

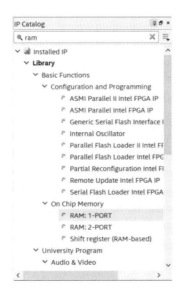

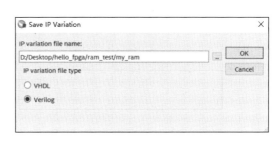

图 5.29 图 5.30

❸ 设置 RAM 的存储深度和每个存储空间的位数。在这里设置存储深度为 256（单位为 words）、位数为 8（单位为 bits），如图 5.31 所示。单击 Next 按钮。

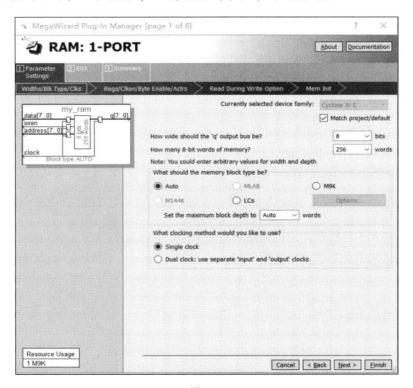

图 5.31

❹ 在输出端口添加寄存器，取消对"'q' output port"复选框的勾选，如图 5.32 所示。单击 Next 按钮。

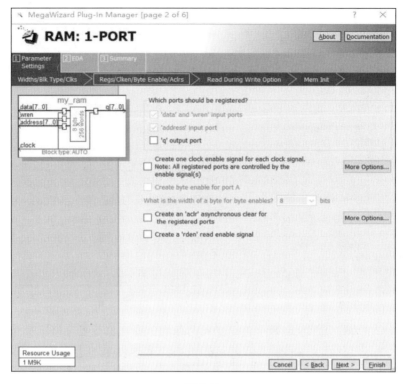

图 5.32

❺ 继续单击 Next 按钮，直至出现如图 5.33 所示的界面，勾选 my_ram_inst.v 复选框，单击 Finish 按钮，完成对 RAM 的设置。

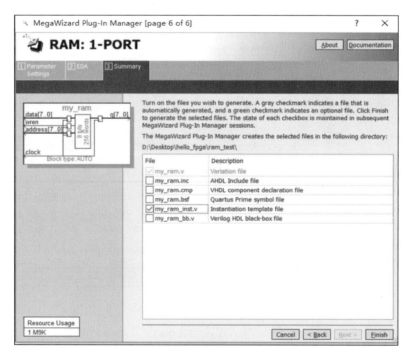

图 5.33

5.3.3　模块设计

RAM 是可读/写的存储器，可利用一个控制模块向 RAM 写入、读取数据。绘制 ram_test 的架构图，如图 5.34 所示。

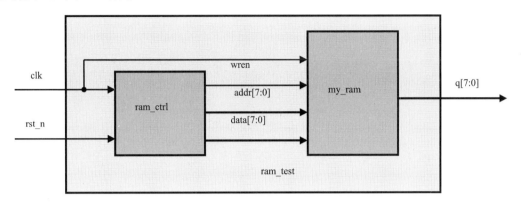

图 5.34

对 ram_test 架构图中的各模块功能说明如表 5.5 所示。

表 5.5

模块名称	功能描述
ram_ctrl	RAM 的控制模块，对 my_ram 进行读/写操作
my_ram	RAM 存储器 IP 核
ram_test	系统顶层模块，负责子模块级联

对系统顶层模块的端口说明如表 5.6 所示；对系统内部连线的说明如表 5.7 所示。

表 5.6

端口名称	端口说明
clk	系统时钟输入
rst_n	系统复位
q	数据输出

表 5.7

连线名称	连线说明
addr	由 ram_ctrl 产生的地址信号
data	由 ram_ctrl 产生的数据
wren	由 ram_ctrl 产生的读/写控制信号（高电平为写，低电平为读）

5.3.4　代码说明

ram_ctrl 模块（RAM 的控制模块）的代码如下。

```
/********************************************************
```

```
 *  Engineer    :   小芯
 *  QQ          :   1510913608
 *  E_mail      :   zxopenhl@126.com
 *  The module function:产生控制信号及数据
 ******************************************************/
00  module ram_ctrl (
01
02      clk,                    //系统时钟输入
03      rst_n,                  //系统复位
04      wren,                   //读/写信号，高电平为写，低电平为读
05      addr,                   //地址信号
06      data                    //有效数据
07      );
08                              // 模块输入
09   input clk;                 //系统时钟输入
10   input rst_n;               //系统复位
11                              // 模块输出
12   output reg wren;           //读/写信号,高电平为写，低电平为读
13   output reg [7:0] addr;     //地址信号
14   output reg [7:0] data;     //有效数据
15   //定义中间寄存器
16   reg state;                 //定义状态寄存器
17
18   always @ (posedge clk, negedge rst_n)
19   begin
20      if(!rst_n)              //复位时，将所有的输出清零
21          begin
22              wren <= 1'b0;
23              addr <= 8'd0;
24              data <= 8'd0;
25              state <=1'b0;
26          end
27      else
28          begin
29            case (state)
30              1'b0:begin          //在此状态把数据写进 RAM
31              if (addr < 255)    //地址在 0～255 之间，写信号有效
32                  begin
33                  addr <= addr + 1'b1;
34                  wren <= 1'b1; //写信号有效
35                  end
36              else
37                  begin //转到下一个状态，让地址清零，让读信号有效
38                  addr <= 8'd0; //让地址清零
39                  state <= 1'b1; //转到下一个状态
40                  wren <= 1'b0; //读信号有效
41                  end
42              if (data < 255)        //数据在 0～255 之间
43                  data <= data + 1'b1;
44              else
45                  data <= 8'b0;
```

```
46                 end
47
48                 1'b1:begin            //在此状态把数据从 RAM 中读出来
49                 if(addr < 255)        //地址在 0~255 之间，读信号有效
50                     begin
51                         addr <= addr + 1'b1;
52                         wren <= 1'b0;  //让读信号有效
53                     end
54                 else
55                     begin             //转到 0 状态，地址清零
56                         state <= 1'b0; //转到 0 状态
57                         addr <= 8'b0;  //地址清零
58                     end
59                 end
60
61                 default:state<=0;     //若系统不稳定，则直接进入 0 状态
62
63             endcase
64         end
65     end
66
67 endmodule
```

在本模块中，数据和地址的数值大小是一样的。系统顶层模块的代码如下。

```
/***********************************************
 * Engineer     :  小芯
 * QQ           :  1510913608
 * E_mail       :  zxopenhl@126.com
 * The module function:系统顶层模块，负责连接各子模块
 ***********************************************/
00 module ram_test(
01
02     clk,              //系统时钟输入
03     rst_n,            //系统复位
04     q                 //输出数据
05     );
06 // 系统输入
07 input clk;            //系统时钟输入
08 input rst_n;          //系统复位
09 // 系统输出
10 output [7:0] q;       //输出数据
11 //定义中间连线信号
12 wire wren;            //定义读/写信号
13 wire [7:0] addr;      //定义地址信号
14 wire [7:0] data;      //定义中间数据
15 // 调用 ram_ctrl
16 ram_ctrl ram_ctrl  (
17     .clk(clk),        //系统时钟输入
18     .rst_n(rst_n),    //系统复位
19     .wren(wren),      //读/写信号
```

```
20        .addr(addr),        //地址信号
21        .data(data)         //有效数据
22     );
23    //调用 IP 核--ram
24    my_ram  my_ram_inst (
25        .address(addr),     //地址信号
26        .clock(clk),        //系统时钟
27        .data(data),        //输入数据
28        .wren(wren),        //读/写信号
29        .q(q)               //输出数据
30     );
31 endmodule
```

本模块只负责连接各个子模块，没有任何逻辑代码。在代码编写完毕后，可查看 RTL
视图，如图 5.35 所示。

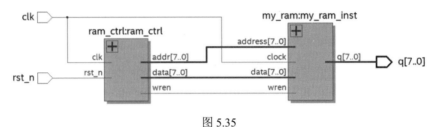

图 5.35

从 RTL 视图可以看出，通过编写代码得到的电路和之前设计的系统框架一致。下面将
开始编写测试代码。

```
/****************************************************
 *  Engineer      :    小芯
 *  QQ            :    1510913608
 *  E_mail        :    zxopenhl@126.com
 *  The module function:对 RAM 进行测试
 ****************************************************/
00  `timescale 1ns/1ps                  //定义时间单位和精度
01
02 module ram_test_tb;
03    //系统输入
04    reg clk;                           //系统时钟输入
05    reg rst_n;                         //系统复位
06    //系统输出
07    wire [7:0] q;                      //输出数据
08
09    initial clk= 1'b0;
10    always #10 clk = ~clk;             //50MHz 时钟频率
11
12    initial begin
13      rst_n = 0;
14      # 200.1
15      rst_n = 1;
16      #30
```

```
17              repeat (256*3)begin        //观测 RAM 三个周期
18                  @(posedge clk);
19              end
20          $stop;                         //停机
21      end
22
23      ram_test ram_test_inst(
24          .clk(clk),                     //系统时钟输入
25          .rst_n(rst_n),                 //系统复位
26          .q(q)                          //输出数据
27      );
28
29  endmodule
```

5.3.5　仿真分析

得到的仿真波形如图 5.36 所示。

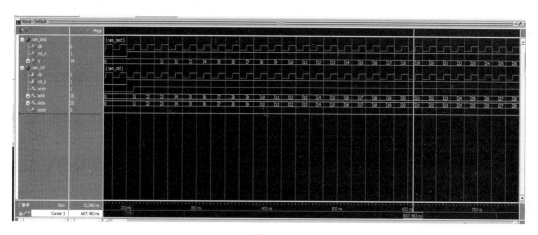

图 5.36

在复位结束后，写信号有效，同时给出数据和地址。RAM 的 q 端在写的过程中会进行输出（存在两个时钟周期的延迟），如图 5.37 所示。

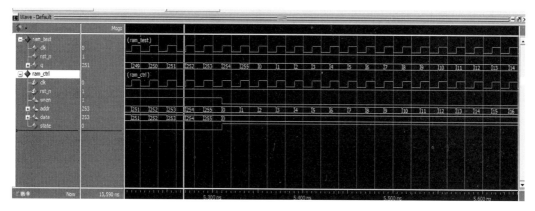

图 5.37

- 一个时钟周期的延迟是由于内部结构导致的（在检测到地址变化时，只有在下一个时钟周期上升沿到来时才能输出数据）。
- 另一个时钟周期的延迟是由于在输出时添加了一个寄存器。

 小芯温馨提示

在写数据的过程中，q 端也会输出，这是由 Altera RAM IP 核的功能决定的。

当写完数据后可进行读操作，同时给出地址，RAM 在两个时钟周期后可输出对应地址中的数据。经过上述的分析可知，可读/写存储器 IP 核的设计正确。

5.4　FIFO 实战演练

在项目设计的过程中，通常需要在两个模块之间传输数据。如果两个模块的数据处理速度相同，那么直接进行数据对接即可。但是，如果两个模块的数据处理速度不同，数据接收模块和数据发送模块的速度不一致，必然会导致采集数据的遗漏或错误，那么，该如何解决这个问题呢？小芯的解决办法是在它们之间添加一个数据缓存器：数据先经过缓存器缓存，再输入数据接收模块。下面小芯将和大家一起学习用于数据缓存的存储 IP 核——FIFO 的设计方法。

5.4.1　项目需求

创建两个模块：一个作为数据发送模块，另一个作为数据接收模块。当数据发送模块检测到 FIFO 为空时，开始向 FIFO 中写入数据，直到 FIFO 写满为止；当数据接收模块检测到 FIFO 为满时，开始从 FIFO 中读出数据，直到 FIFO 读空为止。

5.4.2　操作步骤

❶ 在右侧的 IP 核搜索区中输入 fifo，即可找到 FIFO 选项，如图 5.38 所示。双击该选项，打开 Save IP Variation 对话框。

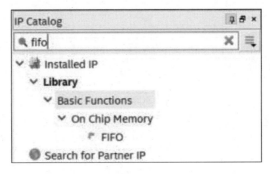

图 5.38

❷ 选中 Verilog 单选按钮（选择语言类型为 Verilog），并为用于数据缓存的存储 IP 核（FIFO）命名。在这里将其命名为 my_fifo，单击 OK 按钮，如图 5.39 所示。

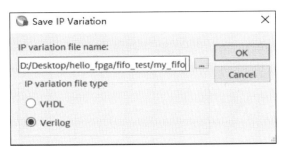

图 5.39

❸ 此时将弹出如图 5.40 所示的对话框。设置 FIFO 的存储深度和每个存储空间的位数。在这里设置存储深度为 256（单位为 words）、位数为 8（单位为 bits）；选中 "No, synchronize reading and writing to 'rdclk' and 'wrclk', respectively.Create a set of full/empty control signals for each clock." 单选按钮，即设置用于写和用于读的不是同一个时钟，在 FIFO 中将会出现读时钟（对应的端口为读端口）和写时钟（对应的端口为写端口），单击 Next 按钮。

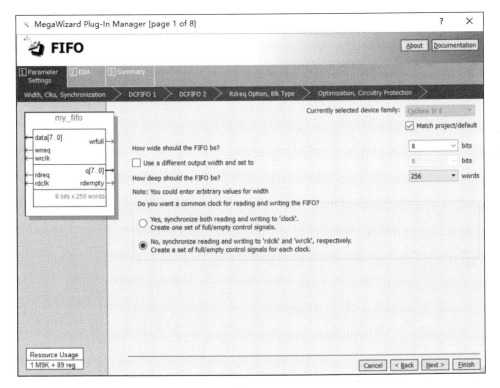

图 5.40

❹ 此时将弹出如图 5.41 所示的对话框，保持默认值不变，单击 Next 按钮。

❺ 弹出如图 5.42 所示的对话框，选择端口，单击 Next 按钮。

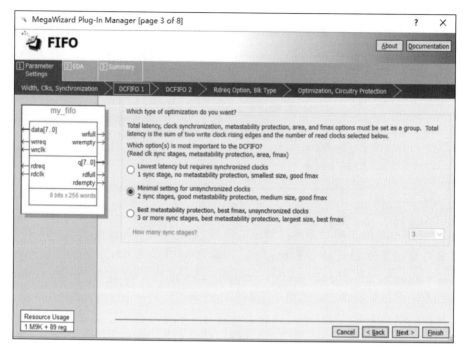

图 5.41

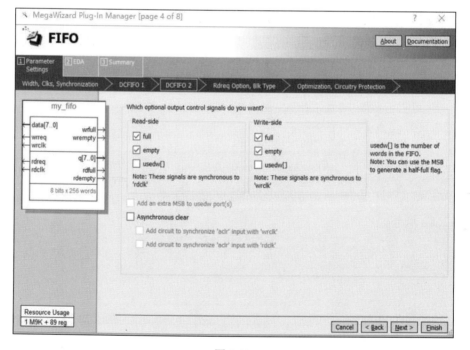

图 5.42

❻ 弹出如图 5.43 所示的对话框，勾选 my_fifo_inst.v 复选框，单击 Finish 按钮即可完成对 FIFO 的设置。

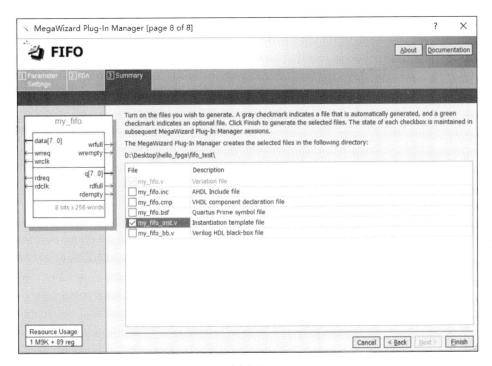

图 5.43

对 FIFO 的读端口和写端口的功能说明如表 5.8 所示。

表 5.8

FIFO 的读端口		FIFO 的写端口	
端口名称	端口功能说明	端口名称	端口功能说明
full	读满信号（rdfull）：当 FIFO 的所有数据（读满）都没有被读出时，full 为真（rdfull = 1）	full	写满信号（wrfull）：当 FIFO 被写满时，full 为真（wrfull = 1）
empty	读空信号（rdempty）：当 FIFO 的所有数据都被读出时，empty 为真（rdempty = 1）	empty	写空信号（wrempty）：当 FIFO 中没有被任何数据写入时，empty 为真（wrempty = 1）

📖 小芯温馨提示

在读端口和写端口的输出之间会有时间差，这是由 FIFO 的内部结构导致的。

5.4.3　模块设计

设计与 FIFO（作为数据缓冲器使用）对应的控制模块，用于对 FIFO 进行读/写控制。绘制 fifo_test 的架构图，如图 5.44 所示（为了方便大家理解，在这里使用相同的读/写时钟）。

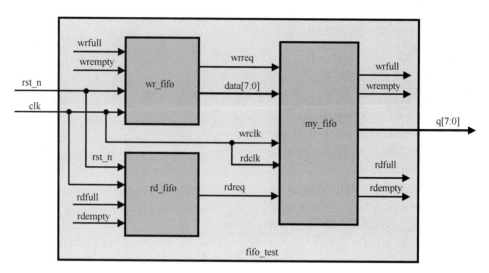

图 5.44

对 fifo_test 的架构图中的各模块功能说明如表 5.9 所示。

表 5.9

模块名称	功能描述
wr_fifo	对 FIFO 进行写入操作
rd_fifo	对 FIFO 进行读出操作
my_fifo	数据缓存器（所生成的 IP 核）
fifo_test	系统顶层模块，负责子模块级联

对系统顶层模块的端口说明如表 5.10 所示；对系统内部连线的说明如表 5.11 所示。

表 5.10

端口名称	端口说明
clk	系统时钟输入
rst_n	系统复位
q	数据输出

表 5.11

连线名称	连线说明
wrreq	写请求信号
wrfull	写满信号
wrempty	写空信号
rdreq	读请求信号
rdfull	读满信号
rdempty	读空信号
data	输入 FIFO 的数据

5.4.4　代码说明

wr_fifo 模块的代码如下。

```
/*****************************************************
 *    Engineer      :    小芯
 *    QQ            :    1510913608
 *    E_mail        :    zxopenhl@126.com
 *    The module function:对 FIFO 进行写入操作
 *****************************************************/
00    module wr_fifo (
01
02                    clk,                //模块输入时钟
03                    rst_n,              //模块复位
04                    wrfull,             //写满信号
05                    wrempty,            //写空信号
06                    data,               //FIFO 的输入数据
07                    wrreq               //写请求信号
08               );
09        //模块输入
10        input clk;                      //模块输入时钟
11        input rst_n;                    //模块复位
12        input wrfull;                   //写满信号
13        input wrempty;                  //写空信号
14        //模块输出
15        output reg [7:0] data;          //FIFO 的输入数据
16        output reg wrreq;               //写请求信号
17        //定义中间寄存器
18        reg state;                      //状态寄存器
19
20        always @ (posedge clk, negedge rst_n)
21          begin
22          if (!rst_n)                   //复位时，将中间寄存器和输出清零
23             begin
24                data <= 8'd0;
25                wrreq <= 1'b0;
26                state <= 1'b0;
27             end
28          else
29             begin
30                case (state)
31                   1'b0 : begin     //写空时，将写请求拉高，跳到'1'状态
32                        if (wrempty == 1'b1)
33                            begin
34                                state <= 1'b1;
35                                wrreq <= 1'b1;
36                                data <= 8'b0;
37                            end
38                        else     //否则保持状态不变
```

```
39                          state <= 1'b0;
40                    end
41
42          1'b1 : begin     //写满时，将写请求拉低，跳回'0'状态
43                    if (wrfull == 1'b1)
44                        begin
45                            state <= 1'b0;
46                            data  <= 8'b0;
47                            wrreq <= 1'b0;
48                        end
49                    else      //没写满时将写请求拉高，继续输入数据
50                        begin
51                            data <= data + 1'b1;
52                            wrreq <= 1'b1;
53                        end
54              end
55          endcase
56      end
57    end
58
59 endmodule
```

rd_fifo 模块的代码如下。

```
/***********************************************
 *   Engineer    :   小芯
 *   QQ          :   1510913608
 *   E_mail      :   zxopenhl@126.com
 *   The module function:对 FIFO 进行读出操作
 ***********************************************/
00   module rd_fifo (
01
02            clk,          //模块输入时钟
03            rst_n,        //模块复位
04            rdfull,       //读满信号
05            rdempty,      //读空信号
06            rdreq         //读请求
07         );
08      //模块输入
09      input clk;          //模块输入时钟
10      input rst_n;        //模块复位
11      input rdfull;       //读满信号
12      input rdempty;      //读空信号
13      //模块输出
14      output reg rdreq;   //读请求
15      //定义中间寄存器
16      reg state;          //状态寄存器
17
18      always @ (posedge clk, negedge rst_n)
```

```
19              begin
20                  if (!rst_n)                //复位时，将中间寄存器和输出清零
21                      begin
22                          rdreq <= 1'b0;
23                          state <= 1'b0;
24                      end
25                  else
26                      case (state)
27                          1'b0 : begin    //读满时，将读请求拉高，跳到'1'状态
28                              if (rdfull == 1'b1)
29                                  begin
30                                      rdreq <= 1'b1;
31                                      state <= 1'b1;
32                                  end
33                              else      //否则保持状态不变
34                                  state <= 1'b0;
35                          end
36
37                          1'b1 : begin    //读空时，将读请求拉低，跳回'0'状态
38                              if (rdempty == 1'b1)
39                                  begin
40                                      rdreq <= 1'b0;
41                                      state <= 1'b0;
42                                  end
43                              else        //没读空时将读请求拉高，继续读出数据
44                                  begin
45                                      rdreq <= 1'b1;
46                                      state <= 1'b1;
47                                  end
48                          end
49                      endcase
50
51          end
52
53 endmodule
```

系统顶层模块的代码如下。

```
/***************************************************
 *   Engineer      :   小芯
 *   QQ            :   1510913608
 *   E_mail        :   zxopenhl@126.com
 *   The module function:系统顶层模块
 ***************************************************/
00   module fifo_test (
01
02              clk,          //系统输入时钟
03              rst_n,        //系统复位
```

```
04                    q                    //输出数据
05          );
06      //系统输入
07      input clk;                          //系统输入时钟
08      input rst_n;                        //系统复位
09      //系统输出
10      output [7:0] q;                     //输出数据
11      //定义中间连线
12      wire wrfull;                        //写满信号
13      wire wrempty;                       //写空信号
14      wire [7:0] data;                    //FIFO 的输入数据
15      wire wrreq;                         //写请求信号
16      wire rdfull;                        //读满信号
17      wire rdempty;                       //读空信号
18      wire rdreq;                         //读请求
19      // 实例化 wr_fifo 模块
20      wr_fifo  wr_fifo (
21          .clk(clk),                      //系统输入时钟
22          .rst_n(rst_n),                  //系统复位
23          .wrfull(wrfull),                //写满信号
24          .wrempty(wrempty),              //写空信号
25          .data(data),                    //FIFO 的输入数据
26          .wrreq(wrreq)                   //写请求信号
27      );
28      // 实例化 rd_fifo 模块
29      rd_fifo rd_fifo (
30          .clk(clk),                      //系统输入时钟
31          .rst_n(rst_n),                  //系统复位
32          .rdfull(rdfull),                //读满信号
33          .rdempty(rdempty),              //读空信号
34          .rdreq(rdreq)                   //读请求
35      );
36      //实例化 my_fifo
37      my_fifo my_fifo_inst (
38          .data (data),                   //FIFO 的输入数据
39          .rdclk (clk),                   //读时钟
40          .rdreq (rdreq),                 //读请求
41          .wrclk (clk),                   //写时钟
42          .wrreq (wrreq),                 //写请求
43          .q (q),                         //输出数据
44          .rdempty (rdempty),             //读空信号
45          .rdfull (rdfull),               //读满信号
46          .wrempty (wrempty),             //写空信号
47          .wrfull (wrfull)                //写满信号
48      );
49
50  endmodule
```

编写完代码之后，可查看 RTL 视图，如图 5.45 所示。

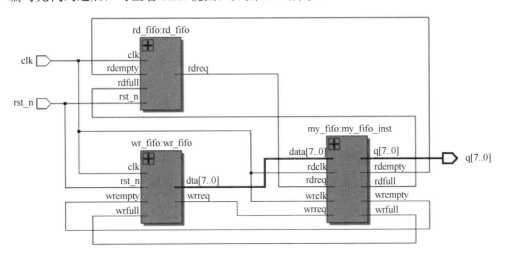

图 5.45

从 RTL 视图可以看出，通过编写代码得到的电路和之前设计的系统框架一致。下面将开始编写测试代码。

```
/*******************************************************
*   Engineer     :  小芯
*   QQ           :  1510913608
*   E_mail       :  zxopenhl@126.com
*   The module function:fifo_test 的仿真测试
*******************************************************/
00   `timescale 1ns/1ps          //定义时间单位和精度
01
02   module fifo_test_tb;
03      //系统输入
04      reg clk;                  //系统输入时钟
05      reg rst_n;                //系统复位
06      //系统输出
07      wire [7:0] q;             //输出数据
08
09      initial begin
10      clk = 1'b1;
11      rst_n = 1'b0;
12      # 201
13      rst_n = 1'b1;
14      #30
15         repeat (256*5)begin   //观测 FIFO 两个读/写周期
16         @(posedge clk);
17         end
18      $stop;                    //停机
19
20      end
21
```

```
22      always # 10 clk = ~clk; //50MHz 的时钟频率
23
24      //实例化 fifo_test
25      fifo_test fifo_test_inst (
26          .clk(clk),              //系统输入时钟
27          .rst_n(rst_n),          //系统复位
28          .q(q)                   //输出数据
29      );
30
31   endmodule
```

5.4.5 仿真分析

得到的仿真波形如图 5.46 所示。

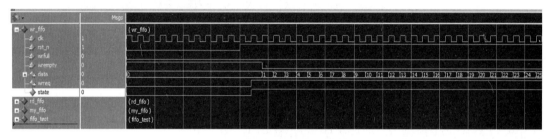

图 5.46

在复位结束后，由于 FIFO 中没有任何数据，所以写空信号为 1，当写入一个数据之后，写空信号变成 0，写满信号一直为 0，如图 5.47 所示。

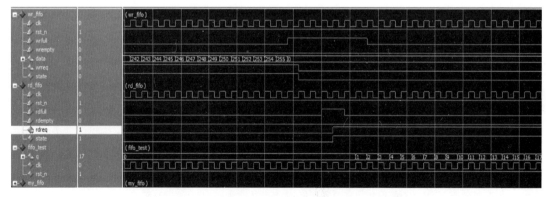

图 5.47

当输入数据的个数为 256 时，写满信号被拉高，经过几拍之后，读满信号变成 1（这是由 FIFO 内部结构导致的）。当读出一个数据之后，读满信号被拉低，如图 5.48 所示。

当读出数据的个数为 256 时，读空信号被拉高，经过几拍之后，写空信号变成 1（由 FIFO 的内部结构决定），之后开始重新写数据。

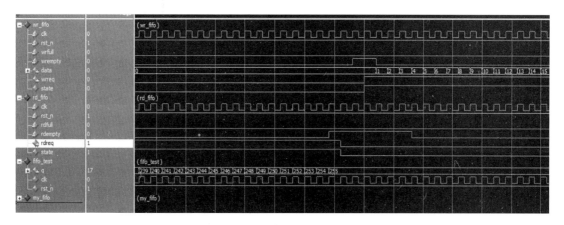

图 5.48

5.5 移位寄存器实战演练

在执行图像处理算法时，经常需要用到模板运算（如 Sobel 图像边缘检测、中值滤波、均值滤波等）。此时可以借助 Altera 提供的移位寄存器 IP 核来简化设计，从而提高设计效率。下面小芯将和大家一起学习移位寄存器 IP 核（用于模板运算）的设计方法。

5.5.1 项目需求

假设数据在一个 ROM 中以如图 5.49 所示的方式存放，"列+行"的值作为该数据的地址，如 e 的地址为 9（8+1=9）。

数据 列 \ 行	0	1	2	3	4	5	6	7
0	a	d	g	j	m	p	aa	bb
8	b	e	h	k	n	q	dd	cc
16	c	f	i	l	o	r	ee	ff
24	s	t	u	v	w	rr	gg	hh
⋮	y	z	uu	vv	ww	qq	ii	jj

图 5.49

在图像处理领域，若要实现 Sobel 图像边缘检测或均值滤波等算法，则需要按照 3×3 矩阵的格式提取数据，如图 5.50 所示。若想每次取出 3 列数据，如第 1 列数据为 a、b、c，第 2 列数据为 d、e、f，第 3 列数据为 g、h、i，则应该如何操作呢？小芯给出的解决方案是利用移位寄存器 IP 核来实现这一功能（能够实现流水线操作，可将其视为移位寄存器的 FIFO）。

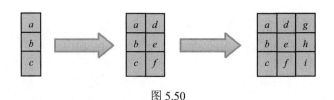

图 5.50

如果将该 IP 核配置成如图 5.51 所示的两个 FIFO，那么从 ROM 中提取数据的原理就可以用图 5.52 表示。

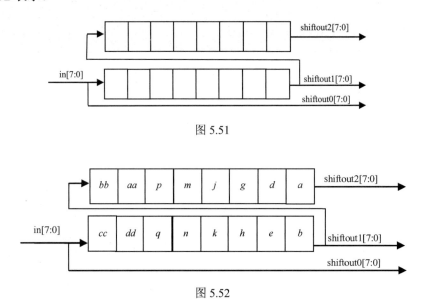

图 5.51

图 5.52

对图 5.51 的说明如下：

- 两个 FIFO 的长度都是 8。ROM 中的数据从 in 端口输入，每次地址增加 1。
- 利用计数器 cnt 作为 ROM 的地址线，cnt 每增加 1，ROM 就会输出新的数据，并通过 in[7:0]端口进入 shift_register（shift_register 中的所有数据会同步向前移动一位）。当 cnt 为 16 时，效果如图 5.52 所示。
- 在下一个时钟到来时开始同时取值 shiftout0、shiftout1、shiftout2。

5.5.2 操作步骤

❶ 创建一个存储深度为 256（单位为 words）、位数为 8（单位为 bits）、初始值为 0～255 的 ROM IP 核（可参考第 5.2 节）。

❷ 在右侧的 IP 核搜索区中输入 shift，即可找到 Shift register（RAM-based）选项，双击该选项，如图 5.53 所示。

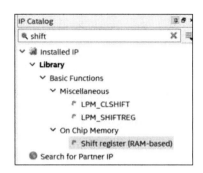

图 5.53

❸ 弹出 Save IP Variation 对话框，选中 Verilog 单选按钮（选择语言类型为 Verilog），并为 ROM IP 核命名。在这里将其命名为 my_shift，单击 OK 按钮，如图 5.54 所示。

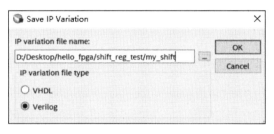

图 5.54

❹ 此时将弹出如图 5.55 所示的对话框。设置 my_shift 的位数为 8（单位为 bits），FIFO 的个数为 2，每个 FIFO 的存储深度为 8（单位为 words），单击 Next 按钮。

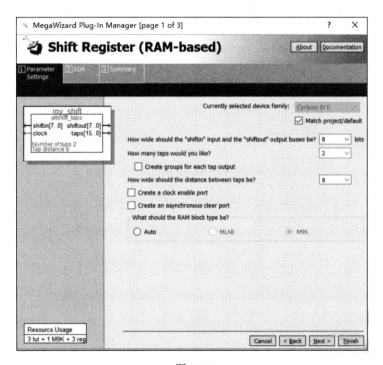

图 5.55

❺ 勾选 my_shift_inst.v 复选框，单击 Finish 按钮，如图 5.56 所示。

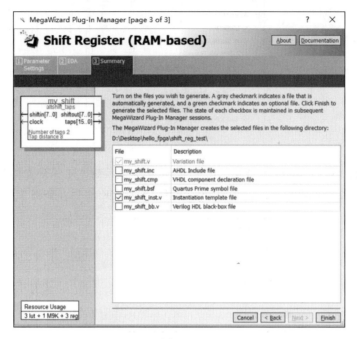

图 5.56

5.5.3　模块设计

绘制 shift_reg_test 的架构图，如图 5.57 所示。

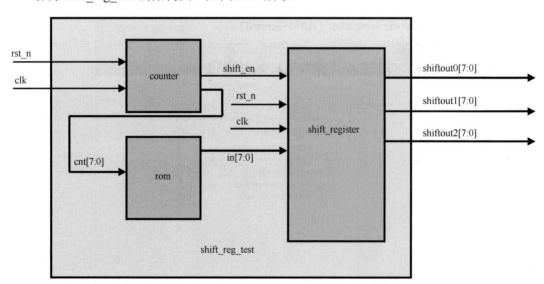

图 5.57

对 shift_reg_test 的架构图中的各模块功能说明如表 5.12 所示。

表 5.12

模块名称	功能描述
counter	给出 ROM 的地址，以及移位寄存器的输出使能
rom	ROM IP 核，负责提供源数据
shift_register	输出一定形式的数据
shift_reg_test	系统顶层模块，用于连接各子模块

对系统顶层模块的端口说明如表 5.13 所示；对系统内部连线的说明如表 5.14 所示。

表 5.13

端口名称	端口说明
clk	系统时钟输入
rst_n	系统复位
shiftout0	数据输出
shiftout1	数据输出
shiftout2	数据输出

表 5.14

连线名称	连线说明
shift_en	输出使能信号
cnt	传给 ROM 的地址信号
in	ROM 提供的初始数据

5.5.4　代码说明

counter 模块的代码如下。

```
/*****************************************************
*    Engineer    :   小芯
*    QQ          :   1510913608
*    E_mail      :   zxopenhl@126.com
*    The module function：给出了 ROM 的地址，以及移位寄存器的输出使能
*****************************************************/
00  module counter (
01                      clk,        //系统时钟输入
02                      rst_n,      //系统复位
03                      cnt,        //ROM 地址
04                      shift_en    //输出使能信号
05                  );
06      //模块输入
07      input clk;                  //系统时钟输入
08      input rst_n;                //系统复位
09      //模块输出
10      output reg [7:0] cnt;       //ROM 地址
11      output reg shift_en;        //输出使能信号
12
```

```
13      always @ (posedge clk or negedge rst_n)
14        begin
15          if (!rst_n)              //复位清零
16              begin
17                  cnt <= 8'd0;
18                  shift_en <= 1'b0;
19              end
20          else
21              begin
22                  if (cnt >= 8'd16)
23                  //cnt 为 16 时，表示 shift_register 中的两个值已经移入
24                      begin
25                          cnt <= 8'd0;;
26                          shift_en <= 1'b1;
27                      end
28                  else
29                      cnt <= cnt + 1'b1;
30              end
31        end
32
33  endmodule
```

shift_register 模块的代码如下。

```
/********************************************************
 *   Engineer     :  小芯
 *   QQ           :  1510913608
 *   E_mail       :  zxopenhl@126.com
 *   The module function: 进行移位输出
 ********************************************************/
00  module shift_register (
01      clk,                    //系统时钟
02      rst_n,                  //系统复位
03      in,                     //ROM 给出的数据
04      shiftout0,              //输出数据
05      shiftout1,              //输出数据
06      shiftout2,              //输出数据
07      shift_en                //输出使能
08  );
09      //系统输入
10      input clk;              //系统时钟
11      input rst_n;            //系统复位
12      input [7:0] in;         //ROM 给出的数据
13      input shift_en;         //输出使能
14      //系统输出
15      output [7:0] shiftout0; //输出数据
16      output [7:0] shiftout1; //输出数据
17      output [7:0] shiftout2; //输出数据
18      //定义中间连线
19      wire [15:0] taps;
```

```
20
21      assign shiftout0=shift_en?in:0;
                              //shift_en 为真时, shiftout0=in
22      assign shiftout1=shift_en?taps[7:0]:0;
                              //shift_en 为真时, shiftout1=taps[7:0]
23      assign shiftout2 = shift_en ? taps [15:8] : 0 ;
                              //shift_en 为真时, shiftout2=taps[15:8]
24      //调用 IP 核
25      my_shift    my_shift_inst (
26              .clock (clk),    //系统时钟
27              .shiftin (in), //ROM 给出的数据
28              .shiftout (),    //shiftout 和 taps 中的数据相同, 只用一个
29              .taps (taps)
30      );
31
32  endmodule
```

系统顶层模块的代码如下。

```
/*****************************************************
 *   Engineer     :  小芯
 *   QQ           :  1510913608
 *   E_mail       :  zxopenh1@126.com
 *   The module function: 系统顶层模块
 *****************************************************/
00  module shift_reg_test (
01    clk,                      //系统时钟输入
02    rst_n,                    //系统复位
03    shiftout0,                //输出有效数据
04    shiftout1,                //输出有效数据
05    shiftout2                 //输出有效数据
06  );
07      //系统输入
08      input clk;                //系统时钟输入
09      input rst_n;              //系统复位
10      //系统输出
11      output [7:0] shiftout0;   //输出有效数据
12      output [7:0] shiftout1;   //输出有效数据
13      output [7:0] shiftout2;   //输出有效数据
14      //定义中间连线
15      wire [7:0] cnt;           //ROM 的地址
16      wire [7:0] in;            //ROM 中的数据
17      wire shift_en;            //输出使能
18      //调用 rom
19      my_rom my_rom_inst (
20          .address (cnt),       //ROM 的地址
21          .clock (clk),         //时钟
22          .q (in )              //ROM 的输出数据
23      );
24      //实例化 counter
```

```
25      counter counter_inst (
26        .clk(clk),                    //系统时钟输入
27        .rst_n(rst_n),                //系统复位
28        .cnt(cnt),                    //ROM 的地址
29        .shift_en(shift_en)           //输出使能
30      );
31      //实例化 shift_register
32      shift_register shift_register (
33        .clk(clk),                    //系统时钟输入
34        .rst_n(rst_n),                //系统复位
35        .in(in),                      //移位寄存器的输入数据
36        .shift_en(shift_en),          //输出使能
37        .shiftout0(shiftout0),        //输出有效数据
38        .shiftout1(shiftout1),        //输出有效数据
39        .shiftout2(shiftout2)         //输出有效数据
40      );
41
42  endmodule
```

编写完代码之后，可查看 RTL 视图，如图 5.58 所示。

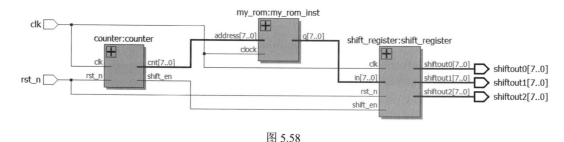

图 5.58

从 RTL 视图可以看出，通过编写代码得到的电路和之前设计的系统框架一致。下面将开始编写测试代码。

```
/************************************************
 *   Engineer       :    小芯
 *   QQ             :    1510913608
 *   E_mail         :    zxopenhl@126.com
 *   The module function :对 shift_reg 的测试
 ************************************************/
00  `timescale 1ns/1ps                    //定义时间单位和精度
01
02  module shift_reg_tb;
03      //系统输入
04      reg clk;                          //系统时钟输入
05      reg rst_n;                        //系统复位
06      //系统输出
07      wire [7:0] shiftout0;             //输出有效数据
08      wire [7:0] shiftout1;             //输出有效数据
09      wire [7:0] shiftout2;             //输出有效数据
10
```

```
11    initial begin
12        clk = 1'b1;
13        rst_n = 1'b0;
14        # 201
15        rst_n = 1'b1;
16    end
17
18    always # 10 clk = ~clk;            //50MHz 的时钟频率
19
20    shift_reg shift_reg (
21        .clk(clk),                     //系统时钟输入
22        .rst_n(rst_n),                 //系统复位
23        .shiftout0(shiftout0),         //输出有效数据
24        .shiftout1(shiftout1),         //输出有效数据
25        .shiftout2(shiftout2)          //输出有效数据
26    );
27
28 endmodule
```

5.5.5　仿真分析

得到的仿真波形如图 5.59 所示。

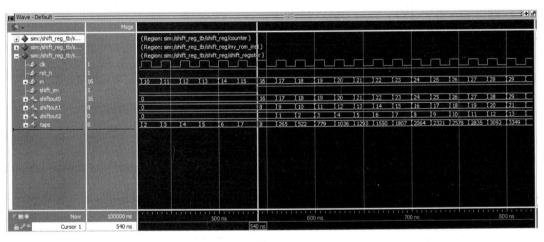

图 5.59

当 shift_en 被拉高以后，shiftout0、shiftout1、shiftout2 将输出预想的数值，这就证明在此实例中对移位寄存器的设计正确。

第 6 章

基础项目我在行，信手拈来显聪慧

6.1 边沿检测电路实战演练

在项目设计的过程中，经常需要检测信号由高到低或由低到高的跳变。下面小芯将和大家一起学习经典的边沿检测电路设计方法。通过该电路，可以在信号出现跳变时产生尖峰脉冲，从而驱动其他电路模块执行相关的动作。

6.1.1 电路原理分析

边沿检测电路的结构图如图 6.1 所示。

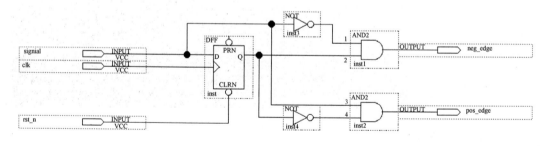

图 6.1

下面分析一下在边沿检测电路中上升沿的检测原理。

- 当系统处于复位状态，即 rst_n 信号为低电平时，输入信号为低电平，寄存器 inst 的清零端生效，寄存器 inst 的输出端 Q 清零。由于 Q 端分别是与门 inst1 和 inst2 的输入端，而系统输出端 neg_edge 和 pos_edge 是 Q 端和输入信号 signial 相与的结果，因此，系统输出端 neg_edge 和 pos_edge 均为低电平，系统处于复位状态。
- 复位结束后，假设输入信号 signial 在某个时钟周期下从低电平跳变到高电平，那么由于寄存器的特性，Q 端只在下一个周期才会出现跳变。与门 inst1 的 1 号输入端通过非门直接连接到输入端 signial，所以在当前时钟周期下，1 号输入端的电平为低电平，而 2 号输入端的电平为上一个时钟周期的低电平，输出端 neg_edge=0（保持低电平）。与门 inst2 的 3 号输入端直接连接到输入端 signial，所以在当前时钟周期下 3 号输入端的电平为高电平，而 4 号输入端的电平为上一个时钟周期的低电平取反，即 4 号输入端的电平为高电平，输出端 pos_edge=1（保持高电平）。

- 当下一时钟周期到来后，Q 端输出为 1，4 号输入端的电平由高电平变为低电平，系统输出端 pos_edge 恢复为低电平。也就是说，当时钟上升沿到来后，pos_edge 能且只能保持一个时钟周期（输入信号必须是同步的）的高电平。我们称这一现象为"尖峰脉冲"。

下降沿的检测原理与上升沿类似，在此不再赘述。通过观察图 6.1，可以总结以下两个知识点。

- 当信号出现上升沿后（信号由低电平跳变为高电平），pos_edge 会出现一个时钟周期的"尖峰脉冲"。
- 当信号出现下降沿后（信号由高电平跳变为低电平），neg_edge 会出现一个时钟周期的"尖峰脉冲"。

在掌握边沿检测电路的检测原理后，就可以利用硬件描述语言来描述该电路。

6.1.2　系统框架

边沿检测电路的系统框架设计如图 6.2 所示。

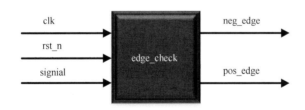

图 6.2

对图 6.2 中的各端口说明如表 6.1 所示。

表 6.1

端口名称	端口说明
clk	输入 50MHz 的时钟频率
rst_n	输入低电平复位信号
signial	输入系统外部信号
neg_edge	下降沿检测标志
pos_edge	上升沿检测标志

6.1.3 代码说明

边沿检测模块的代码如下。

```
/*************************************************
 *   Engineer       :  小芯
 *   QQ             :  1510913608
 *   E_mail         :  zxopenhl@126.com
 *   The module function:边沿检测模块
 *************************************************/
00 module edge_check(
01
02      clk,                        //系统时钟输入
03      rst_n,                      //输入低电平复位信号
04      signial,                    //输入系统外部信号
05
06      pos_edge,                   //上升沿检测标志
07      neg_edge                    //下降沿检测标志
08   );
09
10      //---------------系统输入---------------
11      input clk;                  //系统时钟输入
12      input rst_n;                //输入低电平复位信号
13      input signial;              //输入系统外部信号
14
15      //---------------系统输出---------------
16      output pos_edge;            //上升沿检测标志
17      output neg_edge;            //下降沿检测标志
18
19      //---------------寄存器定义---------------
20      reg signial_r;              //输入信号寄存器
21
22      //---------------边沿检测---------------
23      always@(posedge clk or negedge rst_n)
24      begin
25         if(!rst_n)
26            begin
27               signial_r<=1'b0;       //为输入信号寄存器赋初值
28            end
29         else
30            begin
31               signial_r<=signial;    //把输入信号的值给寄存器
32            end
33      end
34      //当外部输入 signial 由 1 变为 0 时，neg_edge 为高电平，并维持一个时钟周期
35      assign neg_edge=signial_r&(~signial);
36      //当外部输入 signial 由 0 变为 1 时，pos_edge 为高电平，并维持一个时钟周期
37      assign pos_edge=(~signial_r)&signial;
38
39 endmodule
```

对 edge_check 模块（边沿检测模块）的代码说明如下：

- 第 23～33 行描述的是一个 D 触发器，对应图 6.1 中的寄存器 inst。
- 第 35 行描述的是一个与门，对应图 6.1 中的 inst2，其中 signal_r 连接到 inst2 的 3 号输入端，"～signial" 连接到 inst2 的 4 号输入端。
- 第 37 行描述的也是一个与门，对应图 6.1 中的 inst1，其中 "～signal_r" 连接到 inst1 的 1 号输入端，signal 连接到 inst1 的 2 号输入端。

编写对边沿检测电路的测试代码，如下所示。

```
/*****************************************************
 *  Engineer     :    小芯
 *  QQ           :    1510913608
 *  E_mail       :    zxopenhl26.com
 *The module function:边沿检测电路的测试代码
 *****************************************************/
00  `timescale 1ns/1ps
01
02  module tb;
03  //-------------系统输入-----------
04      reg clk;                //系统时钟输入
05      reg rst_n;              //输入低电平复位信号
06      reg signal;             //输入系统外部信号
07      //-------------系统输出-----------
08      wire pos_edge;          //上升沿检测标志
09      wire neg_edge;          //下降沿检测标志
10
11      initial
12      begin
13          clk=0;
14          rst_n=0;
15          signal=1;
16          #1000.1 rst_n=1;
17          #200 signal=0;
18          #200 signal=1;
19          #200 signal=0;
20          #200 signal=1;
21      end
22
23      always #10clk=~clk;     //周期为20ns的时钟
24
25      edge_check edge_check(
26          .clk(clk),          //系统时钟输入
27          .rst_n(rst_n),      //输入低电平复位信号
28          .signal (signal),   //输入系统外部信号
29          .pos_edge(pos_edge),//上升沿检测标志
30          .neg_edge(neg_edge) //下降沿检测标志
31      );
32
33  endmodule
```

6.1.4 仿真分析

得到的仿真波形如图 6.3 所示。

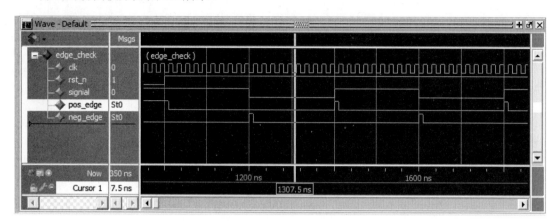

图 6.3

从仿真波形可以看出，当外部输入信号 signial 由高电平跳变为低电平时，neg_edge 会出现一个尖峰脉冲，当 signial 没有任何变化时，neg_edge 保持不变，一直是低电平；当外部输入信号 signial 由低电平跳变为高电平时，pos_edge 会出现一个尖峰脉冲（但脉冲信号的持续时间只有半个时钟周期，不利于应用，因此建议将外部输入信号 signial 寄存两拍，令尖峰脉冲信号的持续时间为一个时钟周期），当 signial 没有任何变化时，pos_edge 保持不变，一直是低电平。

通过编写代码得到的电路、功能，与之前分析的经典电路及功能相同，这就证明以上设计正确。

6.2 按键消抖实战演练

在项目设计的过程中，通常使用的按键开关为机械弹性开关。当机械触点断开、闭合时，由于机械触点的弹性作用，一个按键开关在闭合时不会马上被稳定地接通，在断开时也不会马上被断开，因此，在闭合及断开的瞬间均伴有一连串的抖动。

按键抖动时间的长短由按键的机械特性决定，一般为 5～10ms；按键稳定闭合时间的长短则由操作人员的按键动作决定，一般为零点几秒至数秒。按键抖动会引起一次按键被误读为多次的错误。为了确保智能单元针对按键的一次闭合仅做一次处理，必须执行按键消抖操作：在按键闭合稳定时读取按键的状态，并且在按键释放稳定后再做处理。按键的消抖操作可用硬件或软件两种方法实现。在这里小芯主要介绍通过软件方法实现按键消抖操作。

6.2.1　设计思路

在电路设计中，尖峰脉冲是一种非常重要的信号。在很多层次化设计中，模块间的握手信号一般都会使用尖峰脉冲实现。正确地应用尖峰脉冲，可以有效减少系统的逻辑冗余，提高系统的稳定性和执行效率。下面就来学习如何利用尖峰脉冲实现按键消抖和按键计数功能。

按键消抖实例的设计流程如图 6.4 所示。

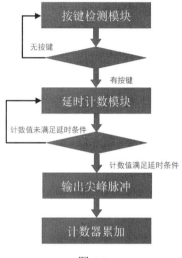

图 6.4

对上述流程的说明：当按键检测模块检测到有按键被按下时，为了消除抖动，可启动延时计数模块；如果按键保持低电平的时间足够长，则计数值满足延时条件，输出尖峰脉冲，控制计数器累加，否则计数器清零，等待下次按键的到来。

6.2.2　系统框架

设计的系统框架如图 6.5 所示。

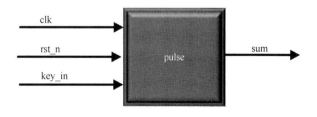

图 6.5

对系统框架中各端口的说明如表 6.2 所示。

表 6.2

端口名称	端口说明
clk	输入 50MHz 的时钟频率
rst_n	输入低电平复位信号
key_in	输入外部按键
sum	按键次数计数器

6.2.3 代码说明

按键消抖实例的代码如下。

```
/*****************************************************
 *   Engineer    :  小芯
 *   QQ          :  1510913608
 *   E_mail      :  zxopenhl@126.com
 *   The module function:按键消抖实例
 *****************************************************/
00 module pulse(
01
02      //系统输入
03      clk,                        //输入 50MHz 的时钟频率
04      rst_n,                      //输入低电平复位信号
05      key_in,                     //输入外部按键
06      //系统输出
07      sum                         //按键次数
08   );
09
10      //系统输入
11      input clk;                  //系统输入 50MHz 的时钟频率
12      input rst_n;                //输入低电平复位信号
13      input key_in;               //输入外部按键
14
15      //系统输出
16      output reg[3:0]sum;         //按键次数计数器
17
18      //寄存器定义
19      reg[10:0]counter;      //消抖延时计数器,计数器最大值为 49 999 999, 延迟 10ms
20      reg state;                  //状态寄存器
21      reg pos_flag;               //尖峰脉冲寄存器
22
23      //按键消抖后产生尖峰脉冲
24      always@(posedge clk or negedge rst_n)
25      begin
26         if(!rst_n)
27            begin
28                counter<=0;           //消抖延时计数器清零
29                state<=0;             //状态寄存器清零
30                pos_flag<=0;          //尖峰脉冲寄存器清零
```

```
31                 end
32           else
33               begin
34                    case(state)
35                        :begin
36                            if(counter<10)        //消抖延时计数器未开始计数，小于10
37                                begin             //key_in==0，说明有按键按下
38                                    if(!key_in)
39                                        begin     //消抖延时计数器开始计数
40                                            counter<=counter+1;
41                                        end
42                                    //key_in==1，说明按键放开，此时计数器不满足条件
43                                            //说明刚才的按键是抖动
44                                    else
45                                        begin     //消抖延时计数器清零
46                                            counter<=0;
47                                        end
48                                end
49                            else                  //计数值满，说明确定有按键按下
50                                begin
51                                            //将尖峰脉冲寄存器置为高电平
52                                    pos_flag<=1;
53                                    counter<=0;    //消抖延时计数器清零
54                                    state<=1;      //跳转到下一状态
55                                end
56                         end
57                        :begin
58                            pos_flag<=0;          //将尖峰脉冲寄存器置为低电平
59                            //key_in==1，说明按键放开（一次按键动作完整结束）
60                            if(key_in)
61                                state<=0;          //状态返回，等待下次按键到来
62                            end
63                        default:state<=0;          //状态返回
64                    endcase
65               end
66       end
67       //累计尖峰脉冲出现次数
68       always@(posedge clk or negedge rst_n)
69       begin
70           if(!rst_n)
71               begin
72                   sum<=0;                         //按键次数计数器清零
73               end
74           else
75               begin
76                   if(pos_flag)                    //尖峰脉冲到来，说明按键按下
77                       sum<=sum+1;                 //按键次数计数器累加
78               end
79       end
80   endmodule
```

　　当检测到有按键被按下时，消抖延时计数器开始计数，在计数的这段时间内，如果检测到按键被放开，则认为之前的按键按下是由于按键抖动造成的，消抖延时计数器清零，等待下一次按键被按下；如果按键一直被按下，并满足预先设置的最大计数值，则认为有按键被按下，消抖延时计数器清零，pos_flag 信号被拉高，状态向下跳转，在下一个状态 pos_flag 信号被拉低；如果检测到按键被放开，则状态跳转到上一个状态，等待下一次按键被按下，这样就产生了一个时钟周期的尖峰脉冲。从第 68 行代码到结束，当检测到一个尖峰脉冲时，按键次数计数器加 1。

　　编写按键消抖实例的测试代码，如下所示。

```
/**********************************************
 *   Engineer     :  小芯
 *   QQ           :  1510923608
 *   E_mail       :  zxopenhl@126.com
 *   The module function:按键消抖实例的测试代码
 **********************************************/
00    `timescale 1ns/1ps
01
02
03    module
04
05        tb;                        //系统输入
06        reg clk;                   //系统输入 50MHz 的时钟频率
07        reg rst_n;                 //输入低电平复位信号
08        reg key_in;                //输入外部按键
09
10        //系统输出
11        wire[3:0]sum;              //按键次数计数器
12
13        //产生测试激励
14        initial
15        begin
16            clk=0;
17            rst_n=0;
18            key_in=1;
19            #1000.1 rst_n=1;
20            //模拟按键动作
21            #1000 key_in=0;
22            #1000 key_in=1;
23            #100 key_in=0;
24            #100 key_in=1;
25            #300 key_in=0;
26            #300 key_in=1;
27            #100 key_in=0;
28            #200 key_in=1;
29            #1000 key_in=0;
30            #900 key_in=1;
31            #1000 key_in=0;
32            #800 key_in=1;
33            #1000 key_in=0;
34            #1000 key_in=1;
35
```

```
36        end
37
38        always #10clk=~clk;       //50MHz 晶振
39
40        //实例化被测试模块
41        pulse pulse(
42           //系统输入
43           .clk(clk),            //系统输入 50MHz 的时钟频率
44           .rst_n(rst_n),        //输入低电平复位信号
45           .key_in(key_in),      //输入外部按键
46           //系统输出
47           .sum(sum)             //按键次数计数器
48        );
49    endmodule
```

6.2.4　仿真分析

得到的仿真波形如图 6.6 所示。

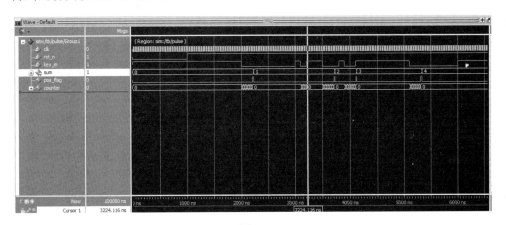

图 6.6

放大标志线区域，可得到如图 6.7 所示的仿真波形。

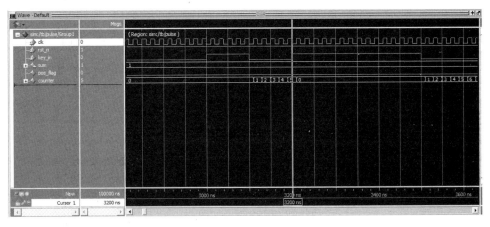

图 6.7

由上述波形可以看出，在按下按键后，消抖延时计数器开始计数，当计数值不满足条件时，计数器清零，并等待下一次按键被按下。在计数值满足条件时，将输出一个时钟周期的尖峰脉冲，按键次数寄存器 sum 也会在尖峰脉冲的作用下开始累加。每次按键被按下，只会出现一个尖峰脉冲，这就说明以上设计正确。

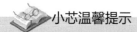 小芯温馨提示

在本设计中只消除了按键按下时的抖动，并没有处理按键放开时的抖动。大家可以自行将代码填充完整，并通过检查、仿真等方式验证代码是否正确。

6.3　二进制数转 BCD 实战演练

一般情况下，数据是以二进制的形式参与运算或存储的，但在很多情况下，需要将运算结果显示到某种设备上，如果直接以二进制的形式进行显示，则会非常不便于查看。此时，需要先将二进制数转换为十进制数后再进行显示。数据从二进制转换成十进制的方法有很多，在本节中小芯将介绍一种较为流行的转换方法——逐步移位法。通过这种方法，不仅可以在没有周期差的情况下实现数据格式的转换，而且资源占用量也相对较小。

6.3.1　逐步移位法原理

BCD 码（Binary-Coded Decimal ）也被称为二进制编码的十进制，是用 4 位二进制数来表示 1 位十进制数中的 10 个数码（0～9），从而快速进行二进制和十进制之间的转换。在 FPGA 的应用过程中会经常用到这个编码技巧。例如，需要在数码管上显示利用矩阵键盘输入的二进制数时，需要将二进制数转换成 BCD 码。

在本实例中，将使用逐步移位法来实现二进制数向 BCD 码的转换。在设计之前，先来了解一下二进制数向 BCD 码转换的原理。

1. BCD 码的含义

对 BCD 码中的变量说明如下。

- B：需要转换的二进制数位宽。
- D：转换后的 BCD 码位宽。
- N：需要转换的二进制数位宽加上转换后的 BCD 码位宽。

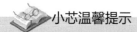 小芯温馨提示

计算 BCD 码位宽的过程如下：① 根据二进制数的位宽，求出它的无符号数能表示的最大值，如数据位宽是 8 位，则无符号数的数据范围为 0～255，最大值为 255；② 最大值（255）是一个三位数，每位数对应 4 位 BCD 码，一个三位数就对应 12（3×4=12）位 BCD 码。

2. 逐步移位法的执行过程

❶ 准备一个 N 比特的移位寄存器。

❷ 二进制数逐步左移。

❸ 在每次左移后，对每位 BCD 码做"大四加三"的处理。

❹ 在二进制数全部移完后，可得到结果。

📖 **小芯温馨提示**

"大四加三"的处理是指将输入数据与 4 进行比较，若大于 4，则输出"输入数据+3"；若小于 4，则直接输出输入数据，不做任何处理。

6.3.2 设计任务

本实例的设计任务是将一个 8 位的二进制数转换成 BCD 码，因此，BCD 码的长度为 12（$D=3\times4=12$）位，需要准备一个 20（$N=B+D=8+12=20$）位的移位寄存器。

逐步移位法的执行过程如表 6.3 所示。

表 6.3

第几次移位	BCD[11:8]	BCD[7:4]	BCD[3:0]	Bin[7:0]
0				10100101
1			1	01001010
2			10	10010100
3			101	00101000
3			1000	00101000
4		1	0000	01010000
5		10	0000	10100000
6		100	0001	01000000
7		1000	0010	10000000
7		1011	0010	10000000
8	1	0110	0101	00000000
BCD	1	6	5	

由表 6.3 可知：Bin=10100101=165；BCD= 000101100101=165。由此可知，逐步移位法是可以把二进制数转换成 BCD 码的。

6.3.3 系统框架

在掌握了 BCD 码的基本概念、明确了设计任务后，就可以开始设计电路了。小芯的设计思路如下。

❶ 创建一个 bin_to_bcd 的系统顶层模块（这个模块的主要功能是扩展输入的二进制数），将扩展后的数据输入下一层的模块进行移位，并将最后一次移位结果中的高 12 位输出。

❷ 创建一个 bcd_modify 模块（这个模块的功能是将输入的数据进行移位），将输入数据的高 12 位分成 3 组，分别输入下一层的模块中进行比较，将每一次的比较结果进行一次移位并输出数据。

❸ 创建一个 cmp 模块，这个模块的主要功能是将输入的数据进行"大四加三"的调整，并输出调整后的数据。

系统顶层模块（bin_to_bcd）的框架设计如图 6.8 所示。

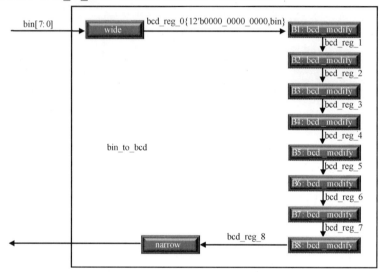

图 6.8

bcd_modify 模块的框架设计如图 6.9 所示。

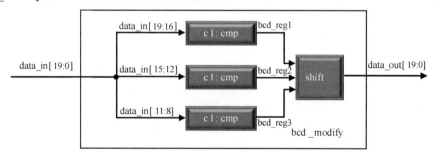

图 6.9

cmp 模块的框架设计如图 6.10 所示。

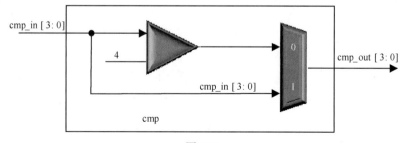

图 6.10

6.3.4　代码说明

在设计好系统框架后，就可以利用 Verilog HDL 语言将电路结构描述出来。bin_to_bcd 模块的代码如下。

```
/***************************************************
 *  Engineer    :  小芯
 *  QQ          :  1510913608
 *  E_mail      :  zxopenhl@126.com
 *  The module function : 二进制数转 BCD 码的 bin_to_bcd 模块
 ***************************************************/
00 module bin_to_bcd(
01
02      bin,                              //二进制数输入
03      bcd                               //BCD 码输出
04   );
05
06   input[7:0] bin;                      //二进制数输入
07   output[11:0]bcd;                     //BCD 码输出
08
09   wire[19:0] bcd_reg_0,bcd_reg_1,bcd_reg_2,bcd_reg_3,bcd_reg_4,
10        bcd_reg_5,bcd_reg_6,bcd_reg_7,bcd_reg_8;      //8 次移位结果输出
11   assign bcd_reg_0={12'b000000000000,bin};
12                                        //把输入的8位二进制数转换成20位二进制数
13
14   //第 1 次移位
15   bcd_modify b1(.data_in(bcd_reg_0),.data_out(bcd_reg_1));
16   //第 2 次移位
17   bcd_modify b2(.data_in(bcd_reg_1),.data_out(bcd_reg_2));
18   //第 3 次移位
19   bcd_modify b3(.data_in(bcd_reg_2),.data_out(bcd_reg_3));
20   //第 4 次移位
21   bcd_modify b4(.data_in(bcd_reg_3),.data_out(bcd_reg_4));
22   //第 5 次移位
23   bcd_modify b5(.data_in(bcd_reg_4),.data_out(bcd_reg_5));
24   //第 6 次移位
25   bcd_modify b6(.data_in(bcd_reg_5),.data_out(bcd_reg_6));
26   //第 7 次移位
27   bcd_modify b7(.data_in(bcd_reg_6),.data_out(bcd_reg_7));
28   //第 8 次移位
29   bcd_modify b8(.data_in(bcd_reg_7),.data_out(bcd_reg_8));
30
31   assign bcd={bcd_reg_8[19:8]};//取高 12 位作为输出结果
32
33 endmodule
```

对以上代码的说明如下。

- 第 09～10 行代码用于定义 9 个寄存器。第 1 个寄存器 bcd_reg_0 存放的是输入数据扩展后的数据，也就是在第 11 行把输入的 8 位二进制数转换成的 20 位二进制数。

- 第 14～29 行代码用于执行 8 次移位操作，当前移位的输出总是下一次移位的输入。例如，第 23 行输入的数据是 bcd_reg_4，在进行了一次移位之后，输出的数据是 bcd_reg_5，bcd_reg_5 作为下一次移位（即第 25 行）的输入。
- 第 31 行代码用于在进行 8 次移位之后，将移位结果中的高 12 位输出，作为转换后的 BCD 码。

bcd_modify 模块的代码如下。

```
/***********************************************************
 *    Engineer       :    小芯
 *    QQ             :    1510913608
 *    E_mail         :    zxopenhl@126.com
 *    The module function : bcd_modify 模块
 ***********************************************************/
00 module bcd_modify(
01
02      data_in,                              //需要移位比较数据输入
03      data_out                             //移位比较完成数据输出
04   );
05
06   input[19:0]data_in;                     //需要移位比较数据输入
07   output[19:0]data_out;                   //移位比较完成数据输出
08
09   wire[3:0]bcd_reg2,bcd_reg3,bcd_reg1;    //3 次移位结果输出
10
11   //data_in[19:16]进行"大四加三"处理
12   cmp c1(.cmp_in(data_in[19:16]),.cmp_out(bcd_reg1));
13   //data_in[15:12]进行"大四加三"处理
14   cmp c2(.cmp_in(data_in[15:12]),.cmp_out(bcd_reg2));
15   //data_in[11:8]进行"大四加三"处理
16   cmp c3(.cmp_in(data_in[11:8]),.cmp_out(bcd_reg3));
17   //data_in[19:8]全部比较完之后，左移一位
18   assign data_out={bcd_reg1[2:0],bcd_reg2,bcd_reg3,
19   data_in[7:0],1'b0};
20
21 endmodule
```

对以上代码的说明如下：

- 第 09 行代码用于定义 3 个寄存器，其功能是存放比较之后的数据。
- 第 11～16 行代码用于把输入数据的高 12 位分成 3 组，分别送至 cmp 模块的输入端口，其作用是进行"大四加三"的处理。
- 第 17～19 行代码用于将第 11～16 行输出的数据存放到输出寄存器中，并进行一次左移操作。

cmp 模块的代码如下。

```
/***********************************************************
 *    Engineer       :    小芯
```

```
*   QQ           :  1510913608
*   E_mail       :  zxopenhl@126.com
*   The module function : 大四加三处理模块
*********************************************/
00 module cmp(
01
02     cmp_in,                        //比较器数据输入
03     cmp_out                        //比较器数据输出
04   );
05
06     input[3:0]cmp_in;              //比较器数据输入
07     output reg[3:0]cmp_out;        //比较器数据输出
08
09     always@(*)
10     begin
11       if(cmp_in>4)                 //若输入数据大于 4
12         cmp_out=cmp_in+3;          //对输入数据进行"大四加三"处理
13       else
14         cmp_out=cmp_in;            //输入数据小于 4，不做任何处理
15     end
16
17 endmodule
```

在 cmp 模块的代码中，第 10～15 行代码用于进行"大四加三"处理。

编写二进制数向 BCD 码转换的测试代码，如下所示。

```
00 `timescale 1ns/1ps              //仿真时间单位是 ns，仿真时间的精度是 ps
01
02 module bcd_tb;
03
04     reg[7:0]bin;                    //仿真激励二进制输入数据
05
06     wire[11:0]bcd;                  //仿真输出 BCD 码
07
08     bin_to_bcd u1(.bin(bin),.bcd(bcd)); //把激励信号送进 BCD 转换器
09
10     initial begin
11       bin=8'b0;                     //bin 信号初始化
12       #100  bin=8'b1010_1101;       //输入数据 173
13       #100  bin=8'b0000_1101;       //输入数据 13
14       #100  bin=8'b1010_0100;       //输入数据 164
15       #100  bin=8'b1000_0000;       //输入数据 128
16       #100  bin=8'b1111_1111;       //输入数据 255
17     end
18
19 endmodule
```

6.3.5　仿真分析

得到的仿真波形如图 6.11 所示。

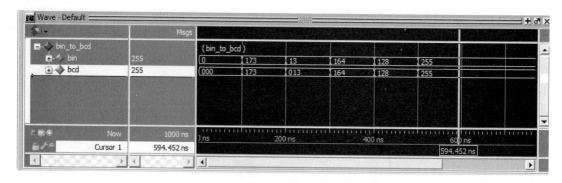

图 6.11

在图 6.11 中可以看到，bin（输入数据，为二进制数）的值等于 bcd（输出数据，为十进制数）的值，本实例设计成功。

6.4 数码管实战演练

在项目设计的过程中，通常需要一些显示设备来显示需要的信息。尽管显示设备的种类繁多，但是数码管无疑是其中最常用、最简单的显示设备之一。下面小芯将和大家一起学习数码管的显示原理和驱动方式，为之后的项目开发做好准备。

6.4.1 项目需求

在本实例中，设计一个数码管的驱动电路，使得数码管能够同时显示任意 6 位数字。

7 段数码管的结构示意图如图 6.12 所示。顾名思义，7 段数码管就是使用 7 段点亮的线段拼成常见的数字和字母。在数字电路中非常容易见到这种显示方式，再加上右下角显示的小数点，实际上一个 7 段数码管的显示单元包括 8 根信号线。根据电路设计的不同，这些信号线可能是高电平有效，也可能是低电平有效。通过 FPGA 控制这些线段的亮灭，就可以达到相应的显示效果。

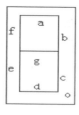

图 6.12

对于由多个数码管显示的模块，若将每个数码管都连接到 FPGA 的引脚，则会消耗大量的 FPGA 引脚资源，因此可引入一种类似于矩阵键盘的扫描方式进行简化：任何时刻只使用 8 根信号线点亮一个数码管，多个数码管是随着时钟的步调被交替点亮的，只要时钟的速度够快，观察到的数码管就好像被同时点亮一般。

利用小芯使用的开发板设计数码管的原理图如图 6.13 所示。

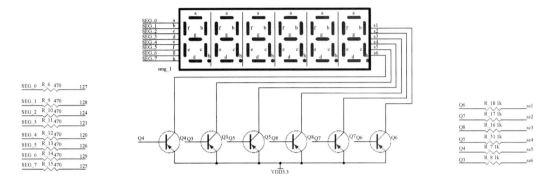

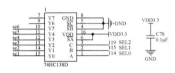

图 6.13

以上开发板使用的是 6 位共阳极数码管，6 个 PNP 型三极管分别作为 6 个共阳极数码管电源的输入开关，也就是常说的位选信号。PNP 型三极管为低电平导通，所以位选信号也为低电平有效。为了节省 FPGA 的 I/O 资源，可把 6 个位选信号连接到一个三八译码器（74HC138D）中。该三八译码器的真值表如表 6.4 所示。

表 6.4

输入信号						输出信号							
ENABLE			SELECT										
G1	$\overline{\text{G2A}}$	$\overline{\text{G2B}}$	C	B	A	Y0	Y1	Y2	Y3	Y4	Y5	Y6	Y7
X	H	X	X	X	X	H	H	H	H	H	H	H	H
X	X	H	X	X	X	H	H	H	H	H	H	H	H
L	X	X	X	X	X	H	H	H	H	H	H	H	H
H	L	L	L	L	L	L	H	H	H	H	H	H	H
H	L	L	L	L	H	H	L	H	H	H	H	H	H
H	L	L	L	H	L	H	H	L	H	H	H	H	H
H	L	L	L	H	H	H	H	H	L	H	H	H	H
H	L	L	H	L	L	H	H	H	H	L	H	H	H
H	L	L	H	L	H	H	H	H	H	H	L	H	H
H	L	L	H	H	L	H	H	H	H	H	H	L	H
H	L	L	H	H	H	H	H	H	H	H	H	H	L

由图 6.13 和表 6.4 可以看出：当 {SEL2, SEL1, SEL0}=3′ b000 时，Y0 为低电平。由于 Y0 连接第 1 个数码管，所以第 1 个数码管被点亮（该数码管为共阳极数码管，所以只要输

入低电平即可将数码管点亮）；当{ SEL2, SEL1, SEL0}=3′b001 时，第 2 个数码管被点亮，依次类推。SEG_0～SEG_7 为段选信号，分别对应一个共阳极数码管中的线段 a～g，以及"小数点"。根据点亮的数码管不同，可以显示出不同的字符。

如果要让数码管全亮起来，并同时显示相同的字符，那么只能通过快速切换位选信号来实现，但如果切换频率过高，数码管就会出现不稳定的状态（这和器件的工艺有关）。一般情况下，可以使用 1kHz（使用时钟分频模块将 50MHz 的系统时钟频率分频为需要的 1kHz）的切换频率来切换位选信号。

6.4.2 单个数码管显示

1. 系统架构

单个数码管可以显示的最大数字是十六进制中的 F（即 15），15 对应的二进制数是 4′b1111，所以单个数码管应为 4 位输入。控制单个数码管显示任意数字的实例的系统架构如图 6.14 所示。

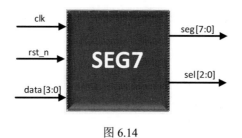

图 6.14

2. 模块功能介绍

对模块的功能说明如表 6.5 所示。

表 6.5

模块名称	功能描述
SEG7	输出控制线

3. 模块端口描述

对模块的端口说明如表 6.6 所示。

表 6.6

端口名称	端口说明
clk	输入系统时钟
rst_n	输入系统复位信号
data[3:0]	输入数据
sel[2:0]	输出位选信号
seg[7:0]	输出段选信号

4. 代码解释

SEG7 模块的代码如下。

```
/********************************************
 *    Engineer       :  小芯
 *    QQ             :  1510913608
 *    E_mail         :  zxopenhl@126.com
 *    The module function: 控制单个数码管显示任意的数字
 ********************************************/
00   module SEG7 (
01           clk,                                //系统时钟
02           rst_n,                              //输入系统复位信号
03           data,                               //输入数据
04           seg,                                //输入段选信号
05           sel                                 //输入位选信号
06           );
07       //系统输入
08       input clk;                              //系统时钟
09       input rst_n;                            //输入系统复位信号
10       input[3:0] data;                        //输入数据
11       //系统输出
12       output reg[7:0] seg;                    //输入段选信号
13       output reg[2:0]sel;                     //输入位选信号
14
15       always@(posedge clk or negedge rst_n)
16           begin
17               if(!rst_n)                      //复位时选择第一个数码管
18                   begin
19                       sel<=0;
20                   end
21               else
22                   begin                       //选择第一个数码管
23                       sel<=0;
24                   end
25           end
26
27       always@(*)                              //用组合逻辑输出段选信号
28           begin
29               if(!rst_n)                      //复位时数码管熄灭
30                   begin
31                       seg=8'b1111_1111;
32                   end
33               else
34                   begin
35                       case(data)
```

```
36                          0:seg=8'b1100_0000;              //显示 "0"
37                          1:seg=8'b1111_1001;              //显示 "1"
38                          2:seg=8'b1010_0100;              //显示 "2"
39                          3:seg=8'b1011_0000;              //显示 "3"
40                          4:seg=8'b1001_1001;              //显示 "4"
41                          5:seg=8'b1001_0010;              //显示 "5"
42                          6:seg=8'b1000_0010;              //显示 "6"
43                          7:seg=8'b1111_1000;              //显示 "7"
44                          8:seg=8'b1000_0000;              //显示 "8"
45                          9:seg=8'b1001_0000;              //显示 "9"
46                          10:seg=8'b1000_1000;             //显示 "A"
47                          11:seg=8'b1000_0011;             //显示 "B"
48                          12:seg=8'b1100_0110;             //显示 "C"
49                          13:seg=8'b1010_0001;             //显示 "D"
50                          14:seg=8'b1000_0110;             //显示 "E"
51                          15:seg=8'b1000_1110;             //显示 "F"
52                          default: seg=8'b1111_1111;  //全灭
53                      endcase
54                  end
55              end
56
57  endmodule
```

编写控制单个数码管显示任意数字的实例的仿真代码，如下所示。

```
/*****************************************************
 *    Engineer      :   小芯
 *    QQ            :   15109123608
 *    E_mail        :   zxopenhl@126.com
 *    The module function: 测试 SEG7 模块，并显示 "A"
 *****************************************************/
00  `timescale 1ns/1ps                          //定义时间单位和精度
01
02  module SEG7_tb;
03      //系统输入
04      reg clk;                                //系统时钟
05      reg rst_n;                              //输入系统复位信号
06      reg[3:0] data;                          //输入数据
07      //系统输出
08      wire[7:0] seg;                          //输入段选信号
09      wire[2:0]sel;                           //输入位选信号
10
11      initial begin
12          clk=1;
13          rst_n=0;
14          data=10;                            //data= 4'hA; 这两种方式都可以
15          #200.1                              //复位 200ns
16          rst_n=1;
```

```
17      end
18
19      always #10clk=~clk;                      //50MHz 的时钟频率
20
21      SEG7 SEG7(
22          .clk(clk),                           //系统时钟
23          .rst_n(rst_n),                       //输入系统复位信号
24          .data(data),                         //输入数据
25          .seg(seg),                           //输入段选信号
26          .sel(sel)                            //输入位选信号
27      );
28
29  endmodule
```

在本模块中，小芯只测试了通过单个数码管显示"A"，大家可以把 0～9、A～F 全部测试一下。

5. 仿真分析

得到的仿真波形如图 6.15 所示。

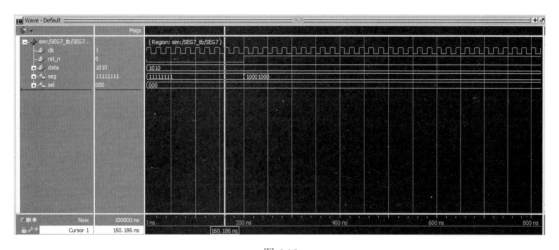

图 6.15

在复位期间，seg 全为"1"，数码管熄灭。当复位信号被拉高以后，seg 变成了 10001000，正好是"A"的段选信号，而 sel（位选信号）一直为 0（选择第一个数码管），这就证明我们的设计是正确的。

6.4.3　6 个数码管显示

1. 系统架构

若要应用 6 个数码管显示任意数字，每个数码管显示的数字需要用 4 位二进制数表示，那么 6 位数字需要利用 24 位二进制数表示。控制 6 个数码管显示任意数字的实例的系统架构如图 6.16 所示。

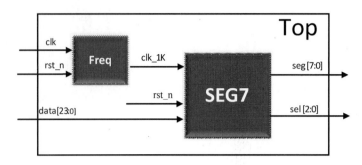

图 6.16

2. 模块功能介绍

各模块的功能说明如表 6.7 所示。

表 6.7

模块名称	功能描述
SEG7	输出数码管的位选信号和段选信号
Freq	时钟分频模块，输出 1kHz 时钟
Top	系统顶层模块，负责模块级联

3. 端口说明和内部连线描述

各模块的端口说明如表 6.8 所示。对内部连线的描述如表 6.9 所示。

表 6.8

端口名称	端口说明
clk	输入系统时钟
rst_n	输入系统复位信号
data[23:0]	输入数据
sel[2:0]	输出位选信号
seg[7:0]	输出段选信号

表 6.9

连线名称	连线说明
clk_1K	数码管的切换时钟

4. 代码解释

Freq 模块的代码如下。

```
/****************************************************
 *   Engineer     :  小芯
 *   QQ           :  1510913608
 *   E_mail       :  zxopenhl@126.com
 *   The module function: 产生慢时钟
 ***************************************************/
```

```
00   module freq(
01        clk,                          //系统时钟
02        rst_n,                        //输入系统复位信号
03        clk_1K                        //切换时钟
04        );
05       //系统输入
06       input clk;                     //系统时钟
07       input rst_n;                   //输入系统复位信号
08       //系统输出
09       output reg clk_1K;             //切换时钟
10       //定义中间寄存器
11       reg[19:0] count;               //定义用于计数的寄存器
12
13       always@(posedge clk or negedge rst_n)
14          begin
15             if(!rst_n)
16                begin
17                   clk_1K <=1;
18                   count <=0;
19                end
20             else
21                begin
22                   if(count <24999)//分频，得到频率为1kHz 的时钟
23                      count <= count +1;
24                   else
25                      begin
26                         count <=0;
27                         clk_1K <=~clk_1K;
28                      end
29                end
30          end
31
32   endmodule
```

SEG7 模块的代码如下。

```
/*********************************************************
 *   Engineer    :   小芯
 *   QQ          :   1510913608
 *   E_mail      :   zxopenhl@126.com
 *   The module function: 产生段选信号和位选信号
 *********************************************************/
00   module SEG7 (
01        clk,               //模块时钟
02        rst_n,             //输入系统复位信号
03        data,              //输入数据
04        seg,               //输入段选信号
05        sel                //输入位选信号
06        );
07       //系统输入
08       input clk;                     //模块时钟
```

```verilog
09        input rst_n;                    //系统复位
10        input[23:0] data;               //输入数据
11        //系统输出
12        output reg[7:0]seg;             //数码管段选信号
13        output reg[2:0]sel;             //数码管位选信号
14        //定义中间寄存器
15        reg[3:0]data_temp;              //数码管显示的数值
16        reg[2:0] state;                 //状态寄存器
17
18        always@(posedge clk or negedge rst_n)
19            begin
20                if(!rst_n)              //复位时选择第1个数码管
21                    begin
22                        sel<=0;
23                        data_temp<=0;
24                        state <=0;
25                    end
26                else
27                    begin
28                        case(state)
29                            0:begin//将最高位的数显示在第1个数码管上
30                                    sel<=0;
31                                    data_temp<=data[23:20];
32                                    state <=1;
33                                end
34
35                            1:begin//将第2位的数显示在第2个数码管上
36                                    sel<=1;
37                                    data_temp<=data[19:16];
38                                    state <=2;
39                                end
40
41                            2:begin//将第3位的数显示在第3个数码管上
42                                    sel<=2;
43                                    data_temp<=data[15:12];
44                                    state <=3;
45                                end
46
47                            3:begin//将第4位的数显示在第4个数码管上
48                                    sel<=3;
49                                    data_temp<=data[11:8];
50                                    state <=4;
51                                end
52
53                            4:begin//将第5位的数显示在第5个数码管上
54                                    sel<=4;
55                                    data_temp<=data[7:4];
56                                    state <=5;
57                                end
58
59                            5:begin//将最低位的数显示在第6个数码管上
60                                    sel<=5;
```

```
61                               data_temp<=data[3:0];
62                               state <=0;
63                        end
64
65                  default: state <=0;
66             endcase
67        end
68    end
69
70    always@(*)//根据 data_temp 中的值，用组合逻辑输出段选信号
71        begin
72            if(!rst_n)                              //复位时数码管熄灭
73                begin
74                    seg=8'b1111_1111;
75                end
76            else
77                begin
78                    case(data_temp)
79                        0:seg=8'b1100_0000;         //显示 "0"
80                        1:seg=8'b1111_1001;         //显示 "1"
81                        2:seg=8'b1010_0100;         //显示 "2"
82                        3:seg=8'b1011_0000;         //显示 "3"
83                        4:seg=8'b1001_1001;         //显示 "4"
84                        5:seg=8'b1001_0010;         //显示 "5"
85                        6:seg=8'b1000_0010;         //显示 "6"
86                        7:seg=8'b1111_1000;         //显示 "7"
87                        8:seg=8'b1000_0000;         //显示 "8"
88                        9:seg=8'b1001_0000;         //显示 "9"
89                        10:seg=8'b1000_1000;        //显示 "A"
90                        11:seg=8'b1000_0011;        //显示 "B"
91                        12:seg=8'b1100_0110;        //显示 "C"
92                        13:seg=8'b1010_0001;        //显示 "D"
93                        14:seg=8'b1000_0110;        //显示 "E"
94                        15:seg=8'b1000_1110;        //显示 "F"
95                        default: seg=8'b1000_1110;  //显示 "F"
96                    endcase
97                end
98        end
99
100 endmodule
```

Top 模块的代码如下。

```
/*******************************************
 *  Engineer    : 小芯
 *  QQ          : 1510913608
 *  E_mail      : zxopenhl@126.com
 *  The module function: 系统顶层模块
 *******************************************/
00  module top (
```

```
01          clk,                            //系统时钟
02          rst_n,                          //输入系统复位信号
03          data,                           //输入数据
04          seg,                            //输入段选信号
05          sel                             //输入位选信号
06      );
07      //系统输入
08      input clk;                          //系统时钟
09      input rst_n;                        //系统复位
10      input[23:0] data;                   //输入数据
11      //系统输出
12      output[7:0] seg;                    //数码管段选
13      output[2:0]sel;                     //数码管位选
14      //定义中间连线
15      wire clk_1K;                        //定义切换时钟
16      //调用pll（锁相环）
17      freq freq(
18          .clk(clk),                      //外部时钟
19          .rst_n(rst_n),                  //系统复位
20          .clk_1K( clk_1K )               //切换时钟
21      );
22      //实例化SEG7
23      SEG7 SEG7(
24          .clk(clk_1K),                   //切换时钟
25          .rst_n(rst_n),                  //系统复位
26          .data(data),                    //输入数据
27          .seg(seg),                      //数码管段选
28          .sel(sel)                       //数码管位选
29      );
30
31  endmodule
```

在编写完代码之后，可查看 RTL 视图，如图 6.17 所示。

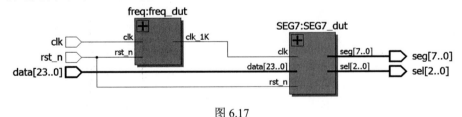

图 6.17

从 RTL 视图可以看出，通过编写代码得到的电路和之前设计的系统框架一致。下面将开始编写测试代码。

```
/************************************************
 *   Engineer     :  小芯
 *   QQ           :  1510913608
 *   E_mail       :  zxopenhl@126.com
 *   The module function: 测试模块
 ************************************************/
```

```
00   `timescale 1ns/1ps              //定义时间单位和精度
01
02   module top_tb;
03       //系统输入
04       reg clk;                    //系统时钟
05       reg rst_n;                  //输入系统复位信号
06       reg[23:0] data;             //输入数据
07       //系统输出
08       wire[7:0] seg;              //数码管段选
09       wire[2:0] sel;              //数码管位选
10
11       initial begin
12           clk=1;
13           rst_n=0;
14           data=24'h123456;
15           #200.1                  //复位 200.1ns
16           rst_n=1;
17       end
18
19       always#10clk=~clk;          //50MHz 的时钟频率
20
21       top top(
22           .clk(clk),              //系统时钟
23           .rst_n(rst_n),          //系统复位
24           .data(data),            //输入数据
25           .seg(seg),              //数码管段选
26           .sel(sel)               //数码管位选
27       );
28
29   endmodule
```

5. 仿真分析

得到的仿真波形如图 6.18 所示。

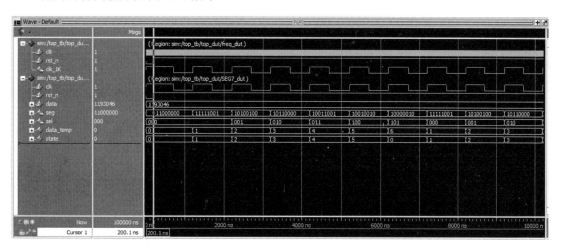

图 6.18

通过仿真分析可以发现，在对应的数码管上能显示对应数值的段选信号，因此，以上设计正确。

6.5 综合项目实战演练

本节将前面的内容综合起来设计一个简单的实例，即基于 FPGA 的按键计数功能进行设计，并利用至芯科技的开发板 ZX_2 进行验证。

6.5.1 项目要求

通过两个按键对数码管显示数据的加、减操作进行控制，数码管显示数据的范围为 0～999 999。当数码管显示的数据为 999 999 时，若此时按下加的按键，则数码管的显示数据将清零；当数码管的显示数据为 0 时，若此时按下减的按键，则数码管的显示数据为999 999。

本实例采用时钟频率为 1kHz 的驱动时钟进行设计，利用分频计数模块产生一个 1kHz 的驱动时钟，并利用该时钟来驱动按键消抖模块和数码管驱动模块，还需要利用数据处理模块来计算按键被按下的次数。数码管驱动模块用于将数据处理模块的二进制数转换为 BCD 码，并输出给数码管模块进行显示。

6.5.2 各模块的功能说明

对本实例的各模块功能说明如表 6.10 所示。

表 6.10

模块名称	实现功能
分频计数模块（Freq）	用于实现分频功能：系统时钟频率为 50MHz，通过计数器的设计完成分频操作，并将产生的数据输出给 key_jitter 模块
按键消抖模块（key_jitter）	用于实现按键消抖功能：通过产生的脉冲信号来确认按键是否被按下或抬起，当检测到按键被按下时，计数器开始计数
数据处理模块（data_ctrl）	用于实现数据处理功能：计算按键被按下的次数，并将产生的二进制数输出给数码管驱动模块
数码管驱动模块（bin_bcd）	用于实现二进制转 BCD 码的功能：将数据处理模块产生的二进制数转换为十进制的 BCD 码，并输出给数码管模块
数码管模块（seg_driver）	用于实现数码管的显示功能：将产生的数据进行译码，并显示在数码管上
key_counter 模块	key_counter 模块是一个整体框架，用于对其他模块进行信息连接，将总体模块的功能分解，并在各个模块中实现

6.5.3 RTL 视图

在编写完代码（不用重新编写代码，可应用前面几节的代码）之后，可查看 RTL 视图，如图 6.19 所示。

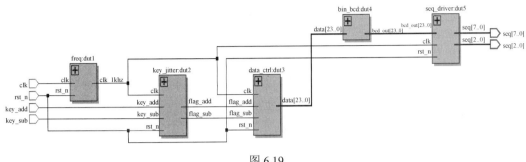

图 6.19

6.5.4 仿真分析

得到的仿真波形如图 6.20 所示。

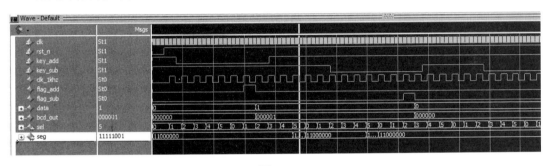

图 6.20

通过仿真波形可以看到，本实例的设计是正确的。有兴趣的小伙伴可以根据 RTL 视图设计架构，以及前面几节的讲解进行验证。

第 7 章

没有标准的方法，但见可行的技巧

在 FPGA 的设计过程中，很多人会纠结到底应该使用同步复位还是异步复位呢？实际上，无论同步复位还是异步复位，都有各自的优缺点。本节，小芯将介绍一种新的复位信号处理方式——异步复位同步释放。

7.1.1 同步复位和异步复位

在 FPGA 的设计过程中，常见的复位信号处理方式是同步复位和异步复位。

- 同步复位：只有在时钟上升沿到来时，复位信号才有效。
- 异步复位：无论时钟上升沿是否到来，只要复位信号有效，就对系统进行复位。

由于这两种复位方式在实际应用中都有缺点，所以可采用异步复位同步释放的方式来提高系统的稳定性。下面通过介绍同步复位和异步复位的应用代码来说明异步复位同步释放方式的优点。

利用同步复位方式进行复位信号处理的代码如下。

```
/*************************************************
*   Engineer     :   小芯
*   QQ           :   1510913608
*   E_mail       :   zxopenhl@126.com
*   The module function:同步复位
*************************************************/
00 module syn(
01
02      clk,            //系统时钟频率 50MHz
03      rst_n,          //系统低电平复位
```

```
04        d,              //外部输入
05        q               //输出
06     );
07
08     input clk;
09     input rst_n;
10     input d;
11
12     output reg q;
13
14     always@(posedge clk) //同步复位
15     begin
16         if(!rst_n)
17             q <=0;          //复位时清零
18         else
19             q <= d;         //置位时输出d
20     end
21
22 endmodule
```

在编写利用同步复位方式进行复位信号处理的代码后，可查看该代码的 RTL 图，如图 7.1 所示。

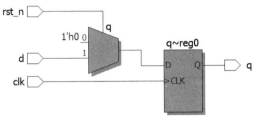

图 7.1

由图 7.1 可知，利用同步复位方式进行复位信号处理时没有使用寄存器的清零端，同步复位电路只是把复位信号 rst_n 作为输入逻辑的使能信号，经过一个数据选择器后被输出到寄存器。显然，这样的同步复位电路，势必会额外消耗 FPGA 的器件资源。

利用异步复位方式进行复位信号处理的代码如下。

```
/************************************************
*   Engineer    :    小芯
*   QQ          :    1510913608
*   E_mail      :    zxopenhl@126.com
*   The module function : 异步复位
************************************************/
00 module asy(
01
02        clk,                          //系统时钟 50MHz
03        rst_n,                        //系统低电平复位
04        d,                            //外部输入
05        q                             //输出
```

```
06        );
07
08    input clk;
09    input rst_n;
10    input d;
11
12    output reg q;
13
14    always@(posedge clk or negedge rst_n)      //异步复位
15    begin
16      if(!rst_n)
17        q <=0;                                 //复位时清零
18      else
19        q <= d;                                //置位时输出 d
20    end
21
22 endmodule
```

在编写利用异步复位方式进行复位信号处理的代码后，可查看该代码的 RTL 图，如图 7.2 所示。

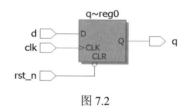

图 7.2

由图 7.2 可知，在利用异步复位方式进行复位信号处理时，寄存器有一个异步的清零（CLR）端，一般用于接收低电平有效的复位信号 rst_n（如果设计为接收高电平有效的复位信号，则可将复位信号取反后再连接 CLR 端）。

小芯温馨提示

对同步复位和异步复位的说明如下。

- 在利用同步复位方式进行复位信号处理时，其优势在于它只在时钟信号 clk 的上升沿进行系统是否复位的判断，从而降低了亚稳态出现的概率；劣势在于它需要消耗更多的器件资源。亚稳态是在寄存器的建立时间和保持时间不满足的情况下发生的。当亚稳态发生时，采集到的数据是一个不定态(有可能是 1，也有可能是 0），无法确保所有的寄存器在同一个时钟沿都能跳出复位状态。
- 在利用异步复位方式进行复位信号处理时，其优势在于 FPGA 的寄存器有支持异步复位的专用端口，无须额外消耗器件资源；劣势在于异步复位增加了亚稳态出现的概率。例如，在复位信号由复位状态跳变到置位状态时，上升沿刚好到来，此时时钟采集的数据是 0 还是 1 呢？在上述情况发生时，电路就会进入亚稳态。

如何将同步复位和异步复位结合起来使用，取长补短呢？异步复位同步释放就是"两者结合的产物"。

7.1.2　异步复位同步释放

1. 异步复位同步释放的电路

异步复位同步释放的电路如图 7.3 所示。通过观察图 7.3 可以看出，reset_n 与两个异步复位寄存器的 CLRN 端连接（在 CLRN 端与低电平连接时，寄存器的输出端会被清零）。当 reset_n 为 0 时，寄存器 reg3 和寄存器 reg4 的输出为 0；由于寄存器 reg1 和寄存器 reg2 的 CLRN 端与寄存器 reg4 的输出端连接，所以寄存器的输出端 out_a 和 out_b 会被清零，从而实现复位清零的功能。在 reset_n 由低电平变为高电平时，在第 1 个时钟周期，将 VCC 输入寄存器 reg3，寄存器 reg4 保持为 0；在第 2 个时钟周期后，寄存器 reg3 和 reg4 的输出都变为 1，输出端寄存器的 CLRN 端为 1，即可跳出复位状态。

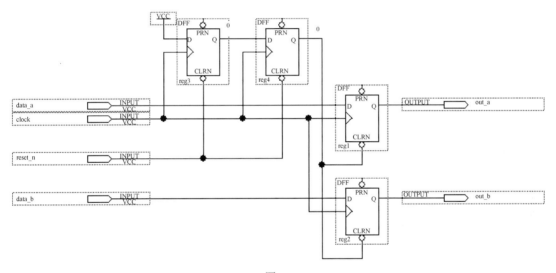

图 7.3

图 7.3 所示电路可用如下代码描述。

```
/*******************************************
 *   Engineer        :  小芯
 *   QQ              :  1510913608
 *   E_mail          :  zxopenhl@126.com
 *   The module function : 异步复位同步释放
 *******************************************/
00 module sync_async_reset(
01
02        clk,
03        rst_n,
04        data_a,
05        data_b,
```

```
06          out_a,
07          out_b
08      );
09
10      input clk;
11      input rst_n;
12      input data_a;
13      input data_b;
14
15      output out_a;
16      output out_b;
17
18      reg reg1,reg2;
19      reg reg3,reg4;
20
21      wire reset_n;
22
23      assign out_a= reg1;           //将 reg1 赋给 out_a
24      assign out_b= reg2;           //将 reg2 赋给 out_b
25      assign reset_n= reg4;         //将寄存器的值赋给 reset_n
26      //产生同步复位输出 reset_n，reset_n 为第 2 个进程模块的异步复位信号
27      always@(posedge clk or negedge rst_n)
28      begin
29          if(!rst_n)
30              begin
31                  reg3 <=1'b0;
32                  reg4 <=1'b0;
33              end
34          else
35              begin
36                  reg3 <=1'b1;
37                  reg4 <= reg3;
38              end
39      end
40      //将已同步的复位信号当作异步复位信号使用
41      always@(posedge clk or negedge reset_n)
42      begin
43          if(!reset_n)
44              begin
45                  reg1 <=1'b0;
46                  reg2 <=1'b0;
47              end
48          else
49              begin
50                  reg1 <=data_a;
51                  reg2 <=data_b;
```

```
52          end
53      end
54 endmodule
```

对以上利用异步复位同步释放方式进行复位信号处理的代码说明如下：

- 第 27～39 行代码定义了两个寄存器，对应图 7.3 中的 reg3 和 reg4。
- 第 41～53 行代码定义了两个寄存器，对应图 7.3 中的 reg1 和 reg2。

编写利用异步复位同步释放方式进行复位信号处理的测试代码，如下所示。

```
/***************************************************
 *   Engineer        :    小芯
 *   QQ              :    1510913608
 *   E_mail          :    zxopenhl@126.com
 *   The module function : 异步复位同步释放测试代码
 ***************************************************/
00 `timescale 1ns/1ps
01
02 module tb;
03
04     reg clk;
05     reg rst_n;
06     reg data_a;                  //外部输入
07     reg data_b;                  //外部输入
08     wire out_a;                  //输出
09     wire out_b;                  //输出
10
11     initial begin
12         clk=1;
13         rst_n=0;data_a=0;data_b=0;
14         #100 rst_n=1;
15         #100 data_a=1;data_b=1;    //输入 4 组数据
16         #100 data_a=1;data_b=0;
17         #100 data_a=0;data_b=1;
18         #100 data_a=0;data_b=0;
19     end
20
21     always #10clk=~clk;           //产生周期是 20ns 的时钟
22
23     sync_async_reset sync_async_reset(
24         .clk(clk),
25         .rst_n(rst_n),
26         .data_a(data_a),
27         .data_b(data_b),
28         .out_a(out_a),
29         .out_b(out_b)
30     );
31
32 endmodule
```

得到的仿真波形如图 7.4 所示。

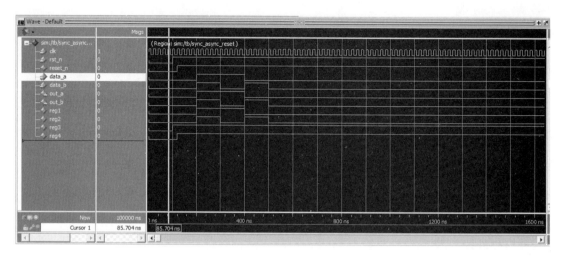

图 7.4

通过观察图 7.4 可知，外部输入的复位信号 rst_n 是一个异步复位信号，产生的 reset_n 是一个同步信号，用于输入到其他模块中。

2. 使用锁相环进行异步复位同步释放

下面介绍如何使用锁相环实现异步复位同步释放方式，其电路原理图如图 7.5 所示。

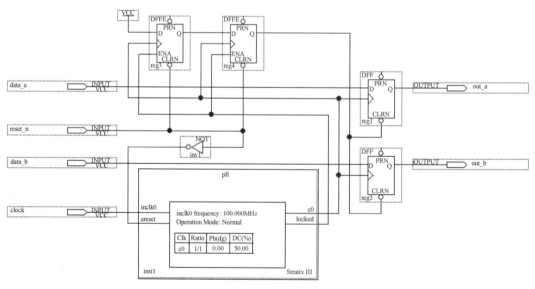

图 7.5

对图 7.5 的详细说明如下。

- locked 信号为锁相环的输出信号，锁相环的时钟输出端 c0 在上电以后会有一段时间处于不稳定状态，此时 locked 信号为低电平；在时钟输出端 c0 稳定以后，locked 信号也会被同步拉高，表示输出有效。

- areset 为输入锁相环的高电平复位信号，当 areset 为高电平时，锁相环复位，没有时钟输出。
- 寄存器的 ENA 端为输出使能端，高电平有效，只有当 ENA 端保持为高电平时，寄存器才会输出数据。
- 当 reset_n 信号变为低电平以后，寄存器 reg1、reg2、reg3、reg4 都会被清零。由于在 reset_n 和 areset 之间经过了一个非门（电平取反），因此对于锁相环来说，复位端为高电平，可以实现复位信号处理。
- 当 reset_n 信号由低电平变为高电平以后，锁相环复位与寄存器清零操作同步结束，但由于锁相环输出端的 locked 信号需要稳定一定的时间才能输出高电平，并且寄存器 reg3 和 reg4 的输出使能端由 locked 信号控制，所以必须等到锁相环输出稳定以后，VCC 才会开始在寄存器 reg3 和 reg4 之间传输信号，从而使其他寄存器电路结束复位状态。

图 7.5 所示电路可用如下代码描述。

```
/*********************************************
*   Engineer       :   小芯
*   QQ             :   1510913608
*   E_mail         :   zxopenhl@126.com
*   The module function：使用锁相环实现异步复位同步释放方式
*********************************************/
00 module sync_async_reset_pll(
01      clk,                    //系统 50MHz 时钟
02      rst_n,                  //系统低电平复位
03      data_a,                 //寄存器 reg1 输入
04      data_b,                 //寄存器 reg2 输入
05      out_a,                  //寄存器 reg1 输出
06      out_b                   //寄存器 reg2 输出
07   );
08
09      input clk;
10      input rst_n;
11      input data_a;
12      input data_b;
13
14      output out_a;
15      output out_b;
16
17      reg reg1,reg2;
18      reg reg3,reg4;
19
20      wire reset_n;
21      wire clk_out;
```

```
22      wire lock;
23      assign out_a=reg1;         //将 reg1 赋给 out_a
24      assign out_b=reg2;         //将 reg2 赋给 out_b
25      assign reset_n=reg4;       //将寄存器的值赋给 reset_n
26
27      always@(posedge clk_out or negedge rst_n)
28      begin
29        if(!rst_n)
30           begin
31                reg3 <=1'b0;
32                reg4 <=1'b0;
33           end
34                                  //lock 信号有效，输出同步复位信号 reset_n
35        elseif(lock)              //reset_n 作为第 2 个进程模块的异步复位信号
36           begin
37                reg3 <=1'b1;
38                reg4 <= reg3;
39           end
40        else                      //lock 信号无效，输出上一个状态
41           begin
42                reg3 <= reg3;
43                reg4 <= reg4;
44           end
45      end
46
47                                  //将已同步的复位信号当作异步复位信号使用
48      always@(posedge clk_out or negedge reset_n)
49      begin
50        if(!reset_n)
51           begin
52                reg1 <=1'b0;
53                reg2 <=1'b0;
54           end
55        else
56           begin
57                reg1 <=data_a;
58                reg2 <=data_b;
59           end
60      end
61
62      my_pll my_pll_inst(
63         .areset(!rst_n),
64         .inclk0 (clk),
65         .c0 (clk_out),
66         .locked ( lock )
67      );
```

```
68
69 endmodule
```

编写使用锁相环实现异步复位同步释放方式的测试代码，如下所示。

```
/***************************************************
*   Engineer         :   小芯
*   QQ               :   1510913608
*   E_mail           :   zxopenhl@126.com
*   The module function : 使用锁相环实现异步复位同步释放方式的测试代码
***************************************************/
00 `timescale 1ns/1ps
01
02 module tb;
03
04    reg clk;
05    reg rst_n;
06    reg data_a;                    //外部输入
07    reg data_b;                    //外部输入
08    wire out_a;                    //输出
09    wire out_b;                    //输出
10
11    initial begin
12       clk=1;
13       rst_n=0;data_a=0;data_b=0;
14       #100 rst_n=1;
15       #100 data_a=1;data_b=1;     //输入 4 组数据
16       #100 data_a=1;data_b=0;
17       #100 data_a=0;data_b=1;
18       #100 data_a=0;data_b=0;
19    end
20
21    always #10clk=~clk;            //产生周期为 20ns 的时钟
22
23    sync_async_reset_pll sync_async_reset_pll(
24       .clk(clk),
25       .rst_n(rst_n),
26       .data_a(data_a),
27       .data_b(data_b),
28       .out_a(out_a),
29       .out_b(out_b)
30    );
31
32 endmodule
```

在以上测试代码中，第 15～18 行代码用于输入 4 组数据，以便观察输出的仿真波形。得到的仿真波形如图 7.6 所示。

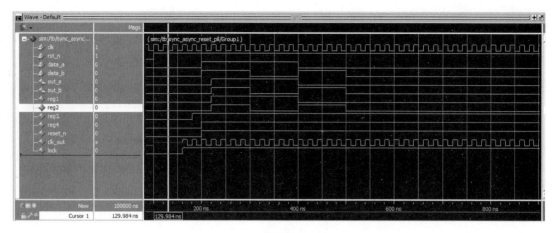

图 7.6

通过观察图 7.6 可知，当放开外部复位按键 rst_n 后，锁相环开始执行动作：clk_out 在持续一段时间的不稳定状态后开始输出稳定的方波信号，同时 lock 信号被置为高电平；lock 信号被置为高电平后，reg4 比 reg3 晚一拍输出高电平；当 reg4 输出高电平之后，out_a 等于 data_a，out_b 等于 data_b。这与之前的分析一致，可以判定本次设计正确。

7.2 流水线实战演练

尽管作为初学者，所设计的电路一般都为低速电路（速率在百兆以下），但是随着技能的提升，也会开始设计高速电路，这时就需要用到流水线。本节，小芯将和大家一起简单地学习一下流水线的知识。

7.2.1 流水线的基本概念

流水线的设计就是在延时较大的组合逻辑中插入寄存器，从而将较大的组合逻辑拆分成几个时钟周期，以提高系统的最大时钟频率。这样做会导致在数据输出时出现延时：若插入一个寄存器，则在数据输出时会产生一个时钟周期的延时；若插入 N 个寄存器，则会产生 N 个时钟周期的延时。下面我们用两幅图来描述这种关系：未经过流水线改造的电路如图 7.7 所示；经过流水线改造的电路如图 7.8 所示。

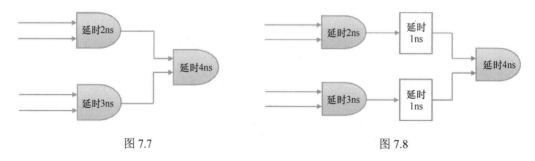

图 7.7   图 7.8

在图 7.7 中，由于数据输出的总延时为 7ns（max{2,3}+4=7ns），因此系统的时钟周期必须大于 7ns。

在图 7.8 中，虽然经过流水线改造后的数据输出总延时等于 8ns（max{2,3}+1+4=8ns），但是系统的时钟周期只要大于 4ns 即可（引入了触发器，数据的采集需要发生在时钟上升沿）。因此，处理数据的吞吐量增加了。

7.2.2　流水线的应用实例

下面利用一个简单的实例来说明如何对电路进行流水线改造。假设现在要实现"(4×a+6×b)−10"的计算，那么可以用原理图的方式来实现该计算。

❶ 新建一个项目工程。当工程建立完毕后，不需要新建 Verilog HDL File，而是新建一个 Block Diagram / Schematic File，如图 7.9 所示。

图 7.9

❷ 在新建的原理图中双击鼠标左键，即可打开 Symbol 对话框，如图 7.10 所示。在左上角的 Libraries 列表框中选中 lpm_mult 选项（用于新建一个乘法器），单击 OK 按钮。

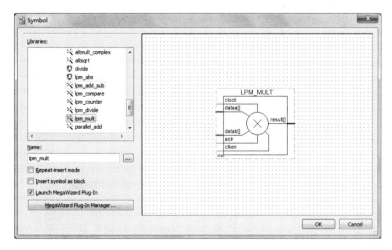

图 7.10

❸ 弹出如图 7.11 所示的对话框，选择保存程序的路径，单击 Next 按钮。

图 7.11

❹ 弹出如图 7.12 所示的对话框，用于设置乘法器的位宽。在这里设置乘法器的位宽为 8bits，单击 Next 按钮。

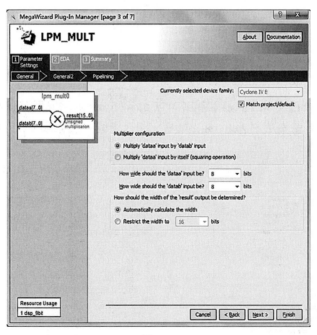

图 7.12

❺ 弹出如图 7.13 所示的对话框，用于设置与输入数据相乘的常量，在这里将与输入数据相乘的常量设置为 4，单击 Finish 按钮。

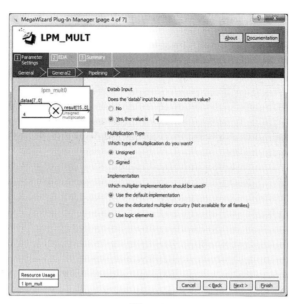

图 7.13

❻ 按照以上操作步骤，再新建一个乘法器：位宽为 8bits，与输入数据相乘的常量为 6。

❼ 至此，已实现两个乘法器："4×a" 与 "6×b"。接下来需要新建一个加法器。双击原理图，打开 Symbol 对话框。在左上角的 Libraries 列表框中选中 lmp_add_sub 选项（用于新建一个加法器），单击 OK 按钮。

❽ 弹出如图 7.11 所示的对话框，选择保存程序的路径，单击 Next 按钮。

❾ 弹出如图 7.14 所示的对话框，在这里设置加法器的位宽为 16bits，选中 Subtraction only 单选按钮（表示仅使用减法），单击 Next 按钮。

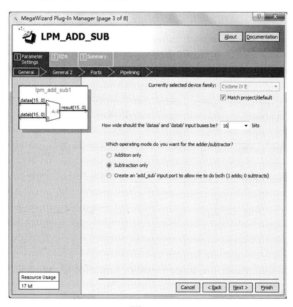

图 7.14

⑩ 弹出如图 7.15 所示的对话框，可设置与输入数据相减的常量。在这里设置该常量为 10，单击 Finish 按钮。

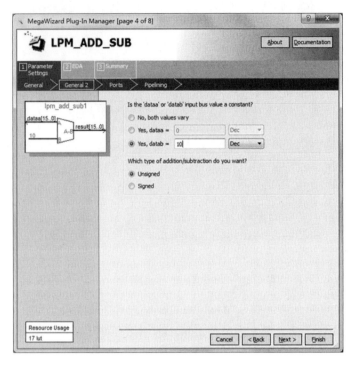

图 7.15

⑪ 新建一个 Verilog HDL File 文件，编写 16 位寄存器的代码，如下所示。

```
/*****************************************************
*    Engineer       :   小芯
*    QQ             :   1510913608
*    E_mail         :   zxopenhl@126.com
*    The module function: 寄存器
*****************************************************/
00 module reg_data(clk,data_in,data_out);
01    input clk;                    //时钟输入端口
02    input[15:0] data_in;          //数据输入端口
03
04    output reg[15:0] data_out;    //数据输入端口
05
06    always@(posedge clk)
07    begin
08        data_out<=data_in;        //输出数据等于输入数据
09    end
10 endmodule
```

⑫ 选择 "File→Create/Update→Create Symbol Files for Current File"，将代码文件转换成原理图文件，如图 7.16 所示。

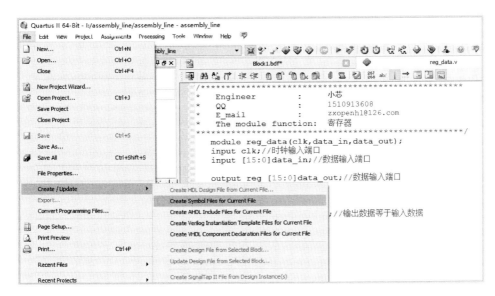

图 7.16

❸ 双击原理图，打开 Symbol 对话框。在左上角的 Libraries 列表框中多出一个 project 选项，在 project 选项下双击刚刚新建的寄存器，将其放入原理图中。新建一个位宽为 8bits 的寄存器组，将其放入原理图中，并将线连接好，效果如图 7.17 所示。

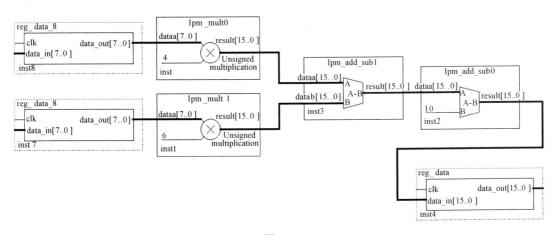

图 7.17

❹ 右击没有接线的模块，在弹出的快捷菜单中选择 Generate Pins for Symbol Ports 选项，如图 7.18 所示；将未接上的线全部接上，效果如图 7.19 所示。

❺ 在将所有的线接上后，可以按 "Ctrl+L" 组合键进行全编译，以便查看静态时序分析报告、观察系统时钟的最大频率等，如图 7.20 所示。

❻ 由图 7.20 可知，未经过流水线改造电路的系统时钟最大频率为 151.88MHz。下面开始进行流水线改造（在各节点加入寄存器）。经过流水线改造的电路如图 7.21 所示。

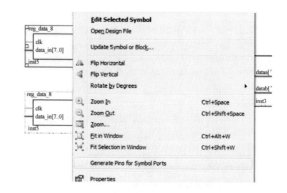

图 7.18

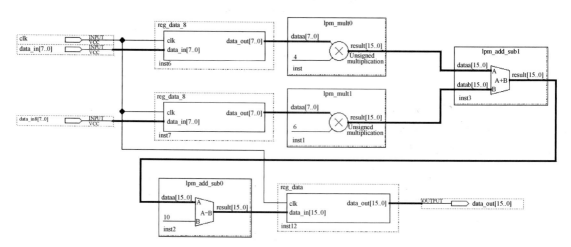

图 7.19

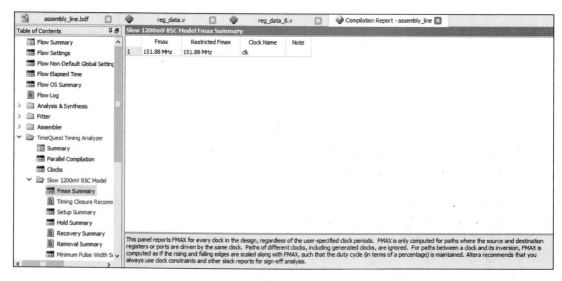

图 7.20

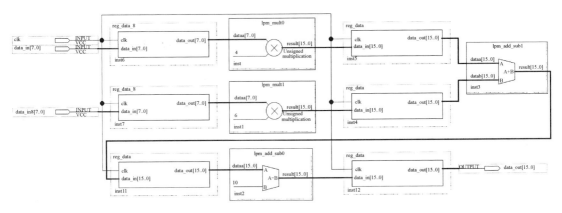

图 7.21

⓱ 对经过流水线改造的电路进行一次全编译（Ctrl+L），并查看静态时序分析报告，观察系统时钟的最大频率（系统时钟的最大频率由 151.88MHz 提升至 303.12MHz），如图 7.22 所示。

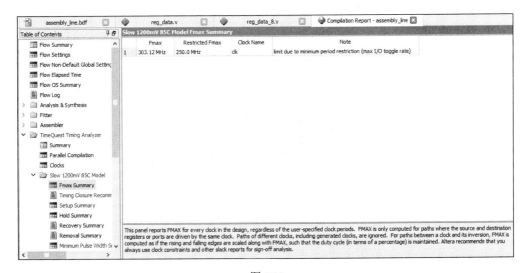

图 7.22

7.3 状态机实战演练

7.3.1 状态机的基本概念

状态机的设计思路有如下两种：

- 从状态变量入手（如果一个电路具有时序规律或逻辑顺序，则可规划出状态变量），分析各个状态的输入、状态转移和输出，从而完成电路功能。
- 先确定电路的输出关系（这些输出相当于状态的输出），再回溯规划每个状态、状态转移条件、状态输入。

无论采用哪种思路设计状态机，其目的都是要控制某部分电路，完成某种具有逻辑顺序或时序规律的电路设计。

1. 状态机的基本要素与分类

状态机的基本要素有 3 个：状态、输出和输入。根据状态机的输出是否与输入条件相关，可将状态机分为两大类：摩尔（Moore）型状态机和米勒（Mealy）型状态机。

- 摩尔型状态机：摩尔型状态机的输出仅依赖于当前状态，与输入条件无关。
- 米勒型状态机：米勒型状态机的输出不仅依赖于当前状态，而且还取决于该状态的输入条件。

2. 状态机的描述方式

状态机的描述方式有三种：一段式、二段式、三段式，分别如图 7.23～图 7.25 所示。

- 一段式：将用于状态转移判断的组合逻辑，以及用于状态寄存器转移的时序逻辑写在同一个 always 模块中，不仅没有采用将时序和组合逻辑分开描述的 Coding Style（代码风格），而且在描述当前状态时还要考虑下一个状态的输出。利用一段式描述状态机的代码不清晰，不利于维护和修改，不利于附加约束，不利于综合器和布局布线器对设计的优化。

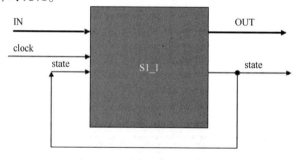

图 7.23

- 二段式：虽然利用二段式描述状态机的优点很多，但是它有一个明显的缺点：其输出使用组合逻辑描述，而组合逻辑容易产生毛刺等不稳定因素，在 FPGA/CPLD 等可编程逻辑器件中，过多的组合逻辑会影响运行效率（与 ASIC 设计不同）。如果允许插入额外的时钟节拍（Latency），则应尽量在后级电路中利用寄存器对状态机的组合逻辑输出来寄存一个时钟节拍，从而有效消除毛刺。但在很多情况下，并不允许额外插入时钟节拍，此时，解决办法是利用三段式描述状态机。
- 三段式：利用三段式描述状态机与利用二段式描述状态机的最大区别在于二段式采用了组合逻辑输出，而三段式巧妙地根据对下一状态的判断、利用同步时序逻辑来寄存状态机的输出，从而消除了组合逻辑输出的不稳定性与毛刺的隐患，有利于时序路径分组。一般来说，在 FPGA/CPLD 等可编程逻辑器件上，利用三段式描述状态机时的布局布线效果更佳。

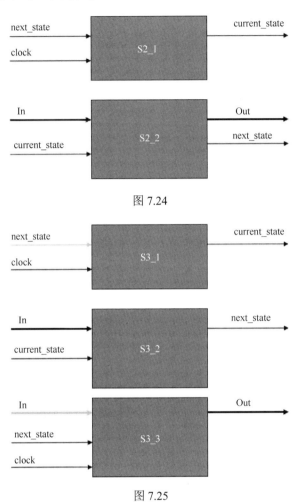

图 7.24

图 7.25

7.3.2　状态机的应用实例

大家应该都使用过自动售货机。下面就来设计一款简易的自动售货机，以便说明三种状态机的描述方式。

1. 第 1 种描述方式：一段式

利用一段式描述状态机的代码如下。

```
/*****************************************
*   Engineer         :   小芯
*   QQ               :   1510913608
*   E_mail           :   zxopenhl@126.com
*   The module function:  自动售货机：一段式
*****************************************/
00 module auto_sell(
```

```
01
02
03     input clk,           //时钟输入端口
04     input rst_n,         //系统复位
05     input half,          //0.5元
06     input one,           //1元
07
08     output reg drink,    //饮料售价2.5元，售出饮料信号
09     output reg flag      //找零信号
10   );
11
12   reg[2:0] state;        //投币状态
13   parameter s0 =3'b000; //无投币
14   parameter s1 =3'b001; //投币0.5元
15   parameter s2 =3'b010; //投币1元
16   parameter s3 =3'b011; //投币1.5元
17   parameter s4 =3'b100; //投币2元
18   parameter s5 =3'b101; //投币2.5元，拉高drink信号
19   parameter s6 =3'b110; //找零，拉高flag信号
20
21   always@(posedge clk,negedge rst_n)
22   begin
23       if(rst_n==0)
24           begin
25               drink <=1'b0;
26               flag<=1'b0;
27               state <= s0;
28           end
29       else
30           case(state)
31               s0:begin
32                   if(half ==1'b1)
33                       state <= s1;
34                   else
35                       if(one ==1'b1)
36                           state <= s2;
37                       else
38                           begin
39                               state <= s0;
40                               drink <=1'b0;
41                               flag<=1'b0;
42                           end
43               end
44               s1:begin
45                   if(half ==1'b1)
46                       state <= s2;
47                   else
48                       if(one ==1'b1)
49                           state <= s3;
50                       else
```

```
51                          state<= s1;
52                      end
53                  s2:begin
54                      if(half ==1'b1)
55                          state <= s3;
56                      else
57                          if(one ==1'b1)
58                              state <= s4;
59                          else
60                              state <= s2;
61                      end
62                  s3:begin
63                      if(half ==1'b1)
64                          state <= s4;
65                      else
66                          if(one ==1'b1)
67                              state <= s5;
68                          else
69                              state <= s3;
70                      end
71                  s4:begin
72                      if(half ==1'b1)
73                          state <= s5;
74                      else
75                          if(one ==1'b1)
76                              state <= s6;
77                          else
78                              state <= s4;
79                      end
80                  s5:begin
81                      drink <=1'b1;
82                      state <= s0;
83                      end
84                  s6:begin
85                      drink <=1'b1;
86                      state <= s0;
87                      flag<=1'b1;
88                      end
89              default:state <= s0;
90          endcase
91      end
92 endmodule
```

2. 第 2 种描述方式：二段式

利用二段式描述状态机的代码如下。

```
/**********************************************
*   Engineer        :   小芯
*   QQ              :   1510913608
```

```
*    E_mail        :   zxopenhl@126.com
*    The module function:   自动售货机：二段式
*****************************************************/
00  module auto_sell(
01
02
03        input clk,
04        input rst_n,
05        input half,
06        input one,
07
08        output reg drink,
09        output reg flag
10     );
11
12     reg[2:0]c_state;
13     reg[2:0]n_state;
14     localparam s0 =3'b000;
15     localparam s1 =3'b001;
16     localparam s2 =3'b010;
17     localparam s3 =3'b011;
18     localparam s4 =3'b100;
19     localparam s5 =3'b101;
20     localparam s6 =3'b110;
21
22     //二段式：第一段
23     always@(posedge clk,negedge rst_n)
24     begin
25        if(!rst_n)
26           c_state= s0;
27        else
28           c_state=n_state;
29     end
30     //二段式：第二段
31     always@(*)
32     begin
33        if(rst_n==0)
34           begin
35              drink <=1'b0;
36              flag <=1'b0;
37              n_state<= s0;
38           end
39        else
40           case(c_state)
41              s0:begin
42                 if(half ==1'b1)
43                    n_state<= s1;
44                 else
45                    if(one ==1'b1)
46                       n_state<= s2;
```

```
47                    else
48                        begin
49                            n_state<= s0;
50                            drink <=1'b0;
51                            flag <=1'b0;
52                        end
53            end
54            s1:begin
55                    if(half ==1'b1)
56                        n_state<= s2;
57                    else
58                        if(one ==1'b1)
59                          n_state<= s3;
60                        else
61                          n_state<= s1;
62            end
63            s2:begin
64                    if(half ==1'b1)
65                        n_state<= s3;
66                    else
67                        if(one ==1'b1)
68                            n_state<= s4;
69                        else
70                            n_state<= s2;
71            end
72            s3:begin
73                    if(half ==1'b1)
74                        n_state<= s4;
75                    else
76                        if(one ==1'b1)
77                            n_state<= s5;
78                        else
79                            n_state<= s3;
80            end
81            s4:begin
82                    if(half ==1'b1)
83                        n_state<= s5;
84                    else
85                        if(one ==1'b1)
86                            n_state<= s6;
87                        else
88                            n_state<= s4;
89            end
90            s5:begin
91                    drink <=1'b1;
92                    n_state<= s0;
93            end
94            s6:begin
95                    drink <=1'b1;
96                    n_state<= s0;
```

```
97                              flag <=1'b1;
98                    end
99            default:n_state<= s0;
100        endcase
101    end
102
103 endmodule
```

3. 第3种描述方式：三段式

利用三段式描述状态机的代码如下。

```
/*************************************************
*   Engineer       :   小芯
*   QQ             :   1510913608
*   E_mail         :   zxopenhl@126.com
*   The module function: 自动售货机：三段式
*************************************************/
00  module selling(
01
02
03        input clk,
04        input rst_n,
05        input half,
06        input one,
07
08        output reg drink,
09        output reg flag
10    );
11
12    reg[2:0]c_state;
13    reg[2:0]n_state;
14    localparam s0 =3'b000;
15    localparam s1 =3'b001;
16    localparam s2 =3'b010;
17    localparam s3 =3'b011;
18    localparam s4 =3'b100;
19    localparam s5 =3'b101;
20    localparam s6 =3'b110;
21
22    //三段式：第一段
23    always@(posedge clk,negedge rst_n)
24    begin
25        if(!rst_n)
26            c_state= s0;
27        else
28            c_state=n_state;
29    end
```

```verilog
30          //三段式：第二段
31      always@(*)
32      begin
33          if(rst_n==0)
34              begin
35                  n_state<= s0;
36              end
37          else
38              case(c_state)
39                  s0:begin
40                      if(half ==1'b1)
41                          n_state<= s1;
42                      else
43                          if(one ==1'b1)
44                              n_state<= s2;
45                          else
46                              begin
47                                  n_state<= s0;
48                              end
49                  end
50                  s1:begin
51                      if(half ==1'b1)
52                          n_state<= s2;
53                      else
54                          if(one ==1'b1)
55                              n_state<= s3;
56                          else
57                              n_state<= s1;
58                  end
59                  s2:begin
60                      if(half ==1'b1)
61                          n_state<= s3;
62                      else
63                          if(one ==1'b1)
64                              n_state<= s4;
65                          else
66                              n_state<= s2;
67                  end
68                  s3:begin
69                      if(half ==1'b1)
70                          n_state<= s4;
71                      else
72                          if(one ==1'b1)
73                              n_state<= s5;
74                          else
75                              n_state<= s3;
```

```
76                    end
77                s4:begin
78                    if(half ==1'b1)
79                        n_state<= s5;
80                    else
81                        if(one ==1'b1)
82                            n_state<= s6;
83                        else
84                            n_state<= s4;
85                end
86                s5:begin
87                    n_state<= s0;
88                        end
89                s6:begin
90                        n_state<= s0;
91                    end
92            default:n_state<= s0;
93        endcase
94    end
95
96    always@(posedge clk,negedge rst_n)
97    begin
98        if(rst_n==0)
99            begin
100                drink <=1'b0;
101                flag<=1'b0;
102            end
103        else
104            case(c_state)
105                s0:begin
106                    drink <=1'b0;
107                    flag<=1'b0;
108                end
109                s1:begin
110                    drink <=1'b0;
111                    flag<=1'b0;
112                end
113                s2:begin
114                    drink <=1'b0;
115                    flag<=1'b0;
116                end
117                s3:begin
118                    drink <=1'b0;
119                    flag<=1'b0;
120                end
121                s4:begin
```

```
122                        drink <=1'b0;
123                        flag<=1'b0;
124                end
125            s5:begin
126                        drink <=1'b1;
127                        flag<=1'b0;
128                end
129            s6:begin
130                        drink <=1'b1;
131                        flag<=1'b1;
132                end
133          default:n_state<= s0;
134        endcase
135    end
136 endmodule
```

第 8 章

进阶首选我当前，乘胜追击势必行

8.1 TLC549 实战演练

模/数转换器又称 A/D 转换器（可简称为 ADC），是一个将模拟信号转换为抗干扰性更强的数字信号的电子器件。由于数字信号本身不具有实际意义，仅表示一个相对大小，因此任何一个 A/D 转换器都需要一个参考模拟量作为转换标准。比较常见的转换标准为可转换信号（又称参考信号）。输出的数字量表示输入信号相对于参考信号的大小。

8.1.1 设计原理

下面将通过对模/数转换芯片（TLC549）的采样控制来实现简易的数字电压表。TLC549的典型配置电路如图 8.1 所示。

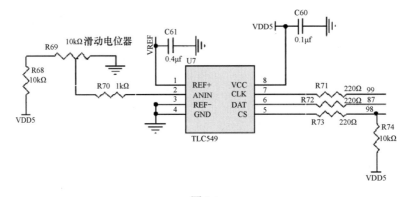

图 8.1

对 TLC549 的端口描述如表 8.1 所示。

表 8.1

端口		描述
名称	序号	
CLK	7	外接输入/输出时钟
CS	5	芯片选择
REF+	1	输入正基准电压
REF−	3	输入负基准电压
ANIN	2	输入模拟信号
DAT	6	将转换结果数据进行串行输出

TLC549 是一个 8 位的串行模/数转换器，A/D 的转换时间最长为 17μs，最大转换频率为 4MHz。TLC549 的访问时序如图 8.2 所示。

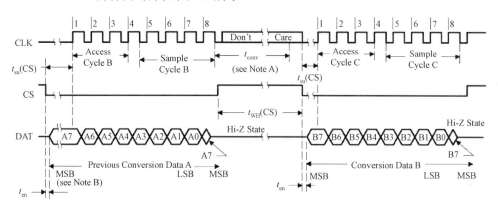

图 8.2

由图 8.1 和图 8.2 可知：

- TLC549 只需对外接输入/输出时钟（CLK）、芯片选择（CS）、输入模拟信号（ANIN）进行控制。
- 当 CS 被拉低时，ADC 前一次转换数据（A）的最高位 A7 立即出现在数据线 DAT 上，之后的数据将在 CLK 的下降沿改变，可在 CLK 的上升沿读取数据。
- 在进行转换时，CS 要被置为高电平。
- 在操作过程中，应注意 $t_{su}(CS)$、t_{conv}、$t_{wH}(CS)$ 等参数：$t_{su}(CS)$ 为从 CS 被拉低到 CLK 的第 1 个时钟到来的间隔时间，至少为 1.4μs；$t_{wH}(CS)$ 为 ADC 的转换时间，不超过 17μs；t_{conv} 也不超过 17μs。

由于 ADC 的位宽为 8bits，因此采样的电压值为

$$V=（D*V_{ref}）/256$$

式中，V 为采样的电压值；D 为 ADC 转换后读取的 8 位二进制数；V_{ref} 为参考电压值（在这里，V_{ref} 为 2.5V）。

8.1.2 系统架构

本实例的系统架构如图 8.3 所示。

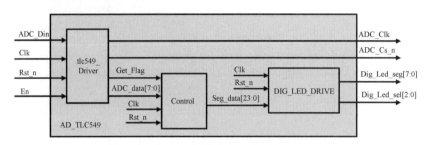

图 8.3

通过调节电位器可改变 ADC 的模拟输入值，在读取采样数据后，可由数码管显示该数据，并通过万用表测量输入电压，与通过数码管显示的数据（单位为 mV）进行比较。

8.1.3 模块功能

对系统架构中的模块功能说明如表 8.2 所示。

表 8.2

模块名称	功能描述
AD_TLC549	系统顶层模块
tlc549_Driver	TLC549 芯片的驱动模块
Control	控制采样电压值的模块
DIG_LED_DRIVE	数码管显示模块

对系统顶层模块的端口功能描述如表 8.3 所示。

表 8.3

端口名称	端口说明
ADC_Din	输入 ADC 串行数据
Clk	输入频率为 50MHz 的时钟
Rst_n	系统复位
En	ADC 转换使能
ADC_Clk	ADC 时钟信号输出
ADC_Cs_n	ADC 片选信号输出
Dig_Led_seg	数码管的段选信号
Dig_Led_sel	数码管的位选信号
Get_Flag	新数据采集完成的标志
ADC_data	ADC 采集到的 8 位有效数据
Seg_data	数码管待显示的数据

8.1.4　代码说明

tlc549_Driver 模块的代码如下。

```
/***************************************************
 *    Engineer          :小芯
 *    QQ                :1510913608
 *    E_mail            :zxopenhl@126.com
 *    The module function:TLC549 芯片的驱动模块
 ***************************************************/
00 module tlc549_Driver (Clk,Rst_n,En,ADC_Din,ADC_Clk,ADC_Cs_n,Data,Get_Flag);
01
02    input Clk;              //输入频率为 50MHz 的时钟
03    input Rst_n;            //系统复位
04    input En;               //ADC 转换使能，高电平有效
05
06    input ADC_Din;          //输入 ADC 串行数据
07
08    output reg ADC_Clk;   //输出 ADC 时钟信号
09    output reg ADC_Cs_n;  //输出 ADC 片选信号
10    output reg Get_Flag;  //新数据采集完成的标志
11    output reg [7:0] Data;//ADC 转换以后的电压值
12
13    reg [10:0] Cnt1;        //系统时钟计数器
14    reg [7:0] data_tmp;    //数据寄存器
15
16    /******序列机实现:FSM_1S*****/
17    always@(posedge Clk or negedge Rst_n)
18    begin
19       if(!Rst_n)
20          Cnt1 <=11'd0;
21       else if(!En)
22          Cnt1 <=11'd0;
23       else if(Cnt1==11'd1310)
24          Cnt1 <=11'd0;
25       else
26          Cnt1 <=Cnt1 + 1'b1;
27    end
28
29    /******序列机实现:FSM_2S*****/
30    always@(posedge Clk or negedge Rst_n)
31       begin
32          if(!Rst_n)
33             begin
34                ADC_Clk  <=1'b0;
35                ADC_Cs_n <=1'b1;
36                data_tmp <=8'd0;
37                Data <=8'd0;
38             end
```

```
39              else if(En)
40                  begin
41                      case(Cnt1)
42                          1:ADC_Cs_n <=1'b0;   //1~71（Tsu）
43                          71:begin ADC_Clk <=1; data_tmp[7] <=ADC_Din;end
44                          96:ADC_Clk <=0;
45                          121:begin ADC_Clk <=1; data_tmp[6] <=ADC_Din;end
46                          146:ADC_Clk <=0;
47                          171:begin ADC_Clk <=1; data_tmp[5] <=ADC_Din;end
48                          196:ADC_Clk <=0;
49                          221:begin ADC_Clk <=1; data_tmp[4] <=ADC_Din;end
50                          246:ADC_Clk <=0;
51                          271:begin ADC_Clk <=1; data_tmp[3] <=ADC_Din;end
52                          296:ADC_Clk <=0;
53                          321:begin ADC_Clk <=1; data_tmp[2] <=ADC_Din;end
54                          346:ADC_Clk <=0;
55                          371:begin ADC_Clk <=1; data_tmp[1] <=ADC_Din;end
56                          396:ADC_Clk <=0;
57                          421:begin ADC_Clk <=1; data_tmp[0] <=ADC_Din;end
58                          446:begin ADC_Clk <=0; ADC_Cs_n <=1'b1; Get_Flag<=1;end
59                          447:begin Data <=data_tmp;  Get_Flag<=0; end
60                          1310:;
61                          default:;
62                      endcase
63                  end
64              else
65                  begin
66                      ADC_Cs_n <=1'b1;
67                      ADC_Clk <=1'b0;
68                  end
69          end
70
71 endmodule
```

Control 模块的代码如下。

```
/************************************************
 *   Engineer        :小芯
 *   QQ              :1510913608
 *   E_mail          :zxopenhl@126.com
 *   The module function:    控制采样电压值的模块
 ************************************************/
00  module Control(Clk,Rst_n,Get_Flag,ADC_data,seg_data);
01
02      input Clk;              //输入系统时钟
03      input Rst_n;           //系统复位
04      input Get_Flag;        //ADC 采集数据完成标志
05      input [7:0]ADC_data;   //输入 ADC 采集数据
06
```

```
07        output reg [23:0]seg_data;//数码管待显示的数据
08
09    reg [3:0] qianwei;          //千位
10    reg [3:0] baiwei;           //百位
11    reg [3:0] shiwei;           //十位
12    reg [3:0] gewei;            //个位
13    reg [15:0] tenvalue;        //采样的电压值
14
15    //采集电压值计算
16    always@(posedge Clk or negedge Rst_n)
17    begin
18        if(!Rst_n)
19            tenvalue<=0;
20        else if(Get_Flag)   //新的数据采集完成，可以进行计算
21            tenvalue<=(ADC_data*100*25)/256;
22    end
23
24    //二进制转 BCD 码
25    always@(posedge Clk or negedge Rst_n)
26    begin
27        if(!Rst_n)
28            begin
29                qianwei<=0;
30                baiwei<=0;
31                shiwei<=0;
32                gewei<=0;
33            end
34        else
35        begin
36            qianwei<=tenvalue/1000;       //2
37            baiwei<=(tenvalue/100)%10;  //5
38            shiwei<=(tenvalue/10)%10;   //0
39            gewei<=tenvalue%10;           //0
40        end
41    end
42
43    //数码管显示数值
44    always@(posedge Clk or negedge Rst_n)
45    begin
46        if(!Rst_n)
47            seg_data<=0;
48        else
49            seg_data<={
50                        qianwei,  //千位
51                        baiwei,   //百位
52                        shiwei,   //十位
53                        gewei,    //个位
54                        8'hFF     //空闲
55                    };
56    end
```

```
57
58   endmodule
```

DIG_LED_DRIVE 模块的代码如下。

```
/*******************************************
 *    Engineer            :小芯
 *    QQ                  :1510913608
 *    E_mail             :zxopenhl@126.com
 *    The module function:   数码管显示模块
 ********************************************/
00   module DIG_LED_DRIVE(Clk,Rst_n,Data,Dig_Led_seg,Dig_Led_sel);
01
02       input Clk;                    //输入系统时钟
03       input Rst_n;                  //系统复位
04       input [23:0]Data;             //待显示数据
05
06       output [7:0]Dig_Led_seg;      //数码管的段选信号
07       output [2:0]Dig_Led_sel;      //数码管的位选信号
08
09       parameter system_clk=50_000_000;
10
11       localparam cnt1_MAX=24;//在仿真时使用
12       //localparam cnt1_MAX=system_clk/1000/2-1;//板级验证时使用
13
14       reg [14 :0] cnt1;            //分频计数器
15       reg clk_1K;                  //扫描时钟
16       reg [2:0]sel_r;              //数码管的位选信号
17       reg [7:0]seg_r;              //数码管的段选信号
18       reg [3:0]disp_data;          //显示数据缓存
19
20       //1kHz 的时钟分频计数器
21       always@(posedge Clk)
22       begin
23           if(!Rst_n)cnt1<=0;
24           else if(cnt1==cnt1_MAX)cnt1<=0;
25           else cnt1<=cnt1+1'b1;
26       end
27
28       //得到频率为1kHz 的时钟
29       always@(posedge Clk or negedge Rst_n)
30       begin
31           if(!Rst_n)
32               clk_1K<=0;
33           else if(cnt1==cnt1_MAX)
34               clk_1K<=~clk_1K;
35       end
36
37       //位选信号控制
38       always@(posedge clk_1K or negedge Rst_n)
```

```
39      begin
40          if(!Rst_n)
41              sel_r<=3'd0;
42          else if(sel_r==3'd3)
43              sel_r<=3'd0;
44          else
45              sel_r<=sel_r+1'b1;
46      end
47
48  //选择不同的待显示数据
49  always@(*)
50  begin
51      if(!Rst_n)
52          disp_data=4'd0;
53      else
54          begin
55              case(sel_r)
56                  3'd0:disp_data=Data[23:20];
57                  3'd1:disp_data=Data[19:16];
58                  3'd2:disp_data=Data[15:12];
59                  3'd3:disp_data=Data[11:8];
60                  3'd4:disp_data=Data[7:4];
61                  3'd5:disp_data=Data[3:0];
62                  default :disp_data=4'd0;
63              endcase
64          end
65  end
66
67  //数据译码，将待显示数据翻译成符合数码管显示的编码
68  always@(*)
69  begin
70      if(!Rst_n)
71          seg_r=8'hff;
72      else
73          begin
74              case(disp_data)
75                  4'd0:seg_r=8'hc0;
76                  4'd1:seg_r=8'hf9;
77                  4'd2:seg_r=8'ha4;
78                  4'd3:seg_r=8'hb0;
79
80                  4'd4:seg_r=8'h99;
81                  4'd5:seg_r=8'h92;
82                  4'd6:seg_r=8'h82;
83                  4'd7:seg_r=8'hf8;
84
85                  4'd8:seg_r=8'h80;
86                  4'd9:seg_r=8'h90;
87                  4'd10:seg_r=8'h88;
88                  4'd11:seg_r=8'h83;
```

```
89
90                         4'd12:seg_r=8'hc6;
91                         4'd13:seg_r=8'ha1;
92                         4'd14:seg_r=8'h86;
93                         4'd15:seg_r=8'h8e;
94
95                         default:seg_r=8'hff;
96                 endcase
97             end
98     end
99
100    assign Dig_Led_seg=seg_r;
101    assign Dig_Led_sel=sel_r;
102
103 endmodule
```

AD_TLC549 模块的代码如下。

```
/*****************************************************
 *   Engineer          :小芯
 *   QQ                :1510913608
 *   E_mail            :zxopenhl@126.com
 *   The module function:系统顶层模块
 *****************************************************/
00 module AD_TLC549(Clk,Rst_n,ADC_Din,ADC_Clk,ADC_Cs_n,Dig_Led_sel,Dig_Led_seg);
01
02     input Clk;
03     input Rst_n;
04     input ADC_Din;
05
06     output ADC_Clk;
07     output ADC_Cs_n;
08     output [2:0]Dig_Led_sel;
09     output [7:0]Dig_Led_seg;
10
11     wire Get_Flag;
12     wire [7:0]ADC_data;
13     wire [23:0]seg_data;
14
15     tlc549_Driver tlc549_Driver(
16         .Clk(Clk),
17         .Rst_n(Rst_n),
18         .En(1'b1),
19         .ADC_Din(ADC_Din),
20         .ADC_Clk(ADC_Clk),
21         .ADC_Cs_n(ADC_Cs_n),
22         .Data(ADC_data),
23         .Get_Flag(Get_Flag)
24     );
25
```

```
26      Control Control(
27          .Clk(Clk),
28          .Rst_n(Rst_n),
29          .Get_Flag(Get_Flag),
30          .ADC_data(ADC_data),
31          .seg_data(seg_data)
32      );
33
34      DIG_LED_DRIVE DIG_LED_DRIVE(
35          .Clk(Clk),
36          .Rst_n(Rst_n),
37          .Data(seg_data),
38          .Dig_Led_seg(Dig_Led_seg),
39          .Dig_Led_sel(Dig_Led_sel)
40      );
41
42  endmodule
```

在编写完代码之后，可查看 RTL 视图，如图 8.4 所示。

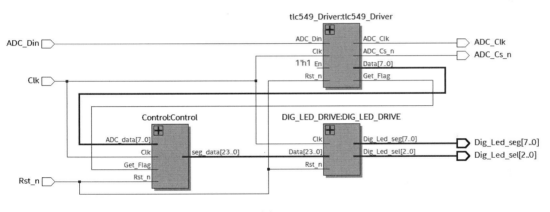

图 8.4

由 RTL 视图可知，通过编写代码得到的电路和之前设计的系统框架一致。下面将开始编写测试代码。

AD_TLC549 模块的测试代码如下。

```
/**********************************************
 *    Engineer            :小芯
 *    QQ                  :1510913608
 *    E_mail              :zxopenhl@126.com
 *    The module function:   系统顶层模块测试代码
 **********************************************/
00  `timescale 1ns/1ps
01
02  module AD_TLC549_tb;
03
04      reg Clk;
05      reg Rst_n;
```

```
06       reg ADC_Din;
07
08       wire ADC_Clk;
09       wire ADC_Cs_n;
10       wire [2:0] Dig_Led_sel;
11       wire [7:0] Dig_Led_seg;
12
13       initial begin
14          Clk=1;
15          Rst_n=0;
16          ADC_Din=0;
17          #200.1
18          Rst_n=1;
19
20
21          #1400 ADC_Din=1; //aa
22          #1000 ADC_Din=0;
23          #1000 ADC_Din=1;
24          #1000 ADC_Din=0;
25          #1000 ADC_Din=1;
26          #1000 ADC_Din=0;
27          #1000 ADC_Din=1;
28          #1000 ADC_Din=0;
29
30          #17000
31          #1400 ADC_Din=1; //98
32          #1000 ADC_Din=0;
33          #1000 ADC_Din=0;
34          #1000 ADC_Din=1;
35          #1000 ADC_Din=1;
36          #1000 ADC_Din=0;
37          #1000 ADC_Din=0;
38          #1000 ADC_Din=0;
39
40          //#20000 $stop;
41       end
42
43       AD_TLC549 AD_TLC549_dut(
44          .Clk(Clk),
45          .Rst_n(Rst_n),
46          .ADC_Din(ADC_Din),
47          .ADC_Clk(ADC_Clk),
48          .ADC_Cs_n(ADC_Cs_n),
49          .Dig_Led_sel(Dig_Led_sel),
50          .Dig_Led_seg(Dig_Led_seg)
51       );
52
53       always #10 Clk=~Clk;
54
55  endmodule
```

8.1.5　仿真分析

得到的仿真波形如图 8.5 所示。

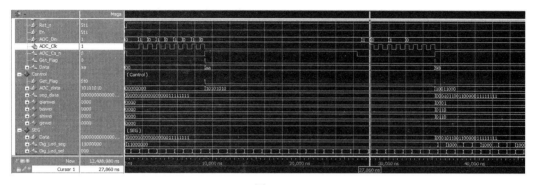

图 8.5

通过观察仿真图可知，本实例实现了数据采集，并能够进行正确显示。仿真结果表示，本次设计达到了预期效果。

8.2　TLC5620 实战演练

数/模转换器（Digital to Analog Converter），即 DAC，是"数字世界"和"模拟世界"之间的桥梁。一般情况下，DAC 由 4 部分组成：权电阻网络、运算放大器、基准电源和模拟开关，是一种将以二进制显示的数字量转换成以参考电压为基准的模拟量转换器。

8.2.1　设计原理

本实例采用串行数/模转换芯片 TLC5620 进行设计。TLC5620 是一个拥有 4 路输出的数/模转换器，时钟频率最大可达到 1MHz。本实例可驱动 TLC5620 将输入的数字量转换为实际的模拟量（电压），并通过 4 个按键控制 4 路输出电压。每按一次，电压值随之上升，同时在数码管上依次显示相应的值：A1、A0、RNG，以及输入的数字量。采用开发板的基准电压为 2.5V。TLC5620 的典型配置电路如图 8.6 所示。

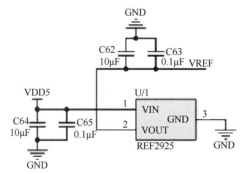

图 8.6

TLC5620 开发板的原理图如图 8.7 所示。

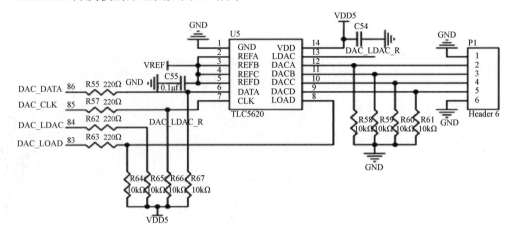

图 8.7

TLC5620 的芯片端口如图 8.8 所示。

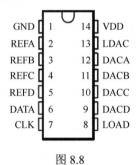

图 8.8

- TLC5620 芯片的主要特点：5V 单电源供电、串行接口、高阻抗基准输入、同时更新设备、内部上电复位、低功耗、半缓冲输出。
- TLC5620 芯片的主要应用领域：可编程电源、数字控制放大器/误差器、移动通信、自动测试设备、研发过程检测及控制、信号合成等。

对 TLC5620 芯片端口的描述如表 8.4 所示。

表 8.4

端口名称	序号	输入/输出	描述
CLK	7	输入	串行接口时钟
DACA	12	输出	通道 A 的 DAC 模拟输出
DACB	11	输出	通道 B 的 DAC 模拟输出
DACC	10	输出	通道 C 的 DAC 模拟输出
DACD	9	输出	通道 D 的 DAC 模拟输出
DATA	6	输入	串行接口的数据输入
GND	1	输入	地回路和参考终端
LDAC	13	输入	加载 DAC。当 LDAC 为高电平时，DAC 输出不更新，只有当 LDAC 从高电平变为低电平时才更新

（续表）

端口名称	序号	输入/输出	描述
LOAD	8	输入	串行接口加载控制。当 LDAC 为低电平时，在 LOAD 的下降沿输出锁存的数据，并立即在 DAC 的输出端产生模拟电压
REFA	2	输入	参考电压。输入到通道 A，定义了输出的模拟范围
REFB	3	输入	参考电压。输入到通道 B，定义了输出的模拟范围
REFC	4	输入	参考电压。输入到通道 C，定义了输出的模拟范围
REFD	5	输入	参考电压。输入到通道 D，定义了输出的模拟范围
VDD	14	输入	正极电源电压

实际电压的计算公式为

$$V=\text{REF}*(\text{CODE}/256)*(1+\text{RNG})$$

式中，V 为实际电压；REF 为基准电压；CODE 为输入的 8 位数据；RNG 为输入范围。

TLC5620 芯片端口的时序图分别如图 8.9～图 8.12 所示：由 LOAD 控制更新，LOAD 为低电平时的时序图如图 8.9 所示；由 LDAC 控制更新，LDAC 为低电平时的时序图如图 8.10 所示；由 LOAD 控制更新，使用 8 位串行数据，LOAD 为低电平时的时序图如图 8.11 所示；由 LDAC 控制更新，使用 8 位串行数据，LDAC 为位电平时的时序图如图 8.12 所示。

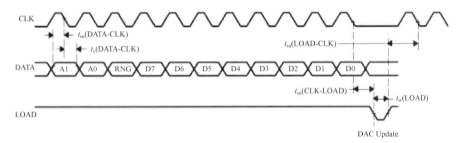

图 8.9

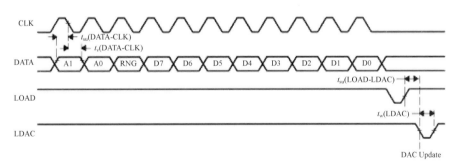

图 8.10

- 图 8.9：当 LOAD 为高电平时，数据在 CLK 的下降沿被锁存至 DATA，只要所有数据均被锁存，则将 LOAD 拉低，并将数据从串行输入寄存器传送到所选择的 DAC。
- 图 8.10：在串行编程期间，LDAC 为高电平，数据在 LOAD 为低电平时锁存，在 LDAC 变为低电平时，将数据传送至 DAC 并输出。

- 图 8.11～图 8.12：在数据传输时将使用 8 个时钟周期。

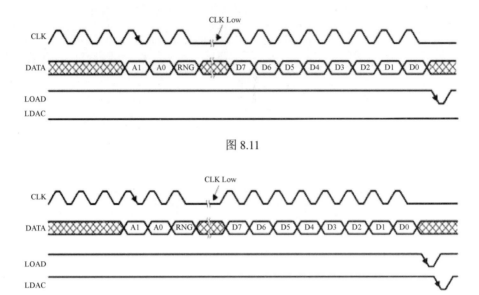

图 8.11

图 8.12

在本次设计中使用的是如图 8.9 所示的工作时序。对图 8.9 的说明如表 8.5 所示。数据通道的选择如表 8.6 所示。

表 8.5

时间	最小值	单位
t_{su}(DATA-CLK)	50	ns
t_v(DATA-CLK)	50	ns
t_{su}(LOAD-CLK)	50	ns
t_{su}(CLK-LOAD)	50	ns
t_w(LOAD)	250	ns

表 8.6

A1	A0	通道
0	0	A
0	1	B
1	0	C
1	1	D

📖 小芯温馨提示

RNG 用于控制 DAC 的输出范围：当 RNG 为低电平时，输出范围在基准电压和 GND 之间；当 RNG 为高电平时，输出范围在两倍的基准电压和 GND 之间。

8.2.2　系统架构

本实例的系统架构如图 8.13 所示。

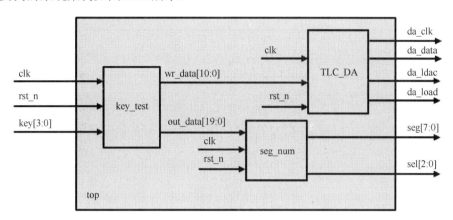

图 8.13

key_test 模块通过 4 个按键输入值，并输出 2 个数据：

- wr_data（11 位）是 TLC_DA 模块在解码时所需的数据。
- out_data（20 位）是 seg_num 模块在数码管中显示时所需的数据。

8.2.3　模块功能

对系统架构中的模块功能说明如表 8.7 所示。

表 8.7

模块名称	功能描述
key_test	按键控制通道选择模块
TLC_DA	TLC5620 芯片的驱动模块
seg_num	数码管显示模块
top	系统顶层模块

对系统顶层模块的端口功能描述如表 8.8 所示。

表 8.8

端口名称	端口说明
clk	输入频率为 50MHz 的时钟
rst_n	系统复位
key	4 个按键
da_clk	DAC 时钟输出
da_data	DAC 数据输出
da_load	DAC 串行加载控制

（续表）

端口名称	端口说明
da_ldac	DAC 加载信号
sel	数码管的位选信号
seg	数码管的段选信号

8.2.4 代码说明

key_test 模块的代码如下。

```
/************************************************
 *    Engineer          :小芯
 *    QQ                :1510913608
 *    E_mail            :zxopenhl@126.com
 *    The module function:按键控制通道选择模块
 ************************************************/
00  module key_test(
01      input       clk,            //50MHz
02      input       rst_n,          //低电平复位
03      input  [3:0]    key,        //4 个按键组合信号
04
05      output [10:0]  wr_data,      //输出一帧数据
06      output [19:0]  out_data      //输出数码管的显示数据
07  );
08
09      //计数器时钟分频
10      reg [30:0] cnt;
11      reg clk_r;  //分频时钟：在消除抖动的时钟频率下进行按键检测
12
13      always@(posedge clk or negedge rst_n) //按键消抖，每隔 0.2s 进行一次检测
14        if(!rst_n)
15             begin
16                  cnt <=0;
17                  clk_r <=0;
18             end
19       else if(cnt < 30'd1000_0000)
20                  cnt <=cnt + 1'b1;
21        else
22             begin
23                  cnt <=0;
24                  clk_r <=~clk_r;
25             end
26
27      //按键为低电平有效，当检测到对应的按键后，相应数值加 1，并显示相应的通道
28      reg [7:0]  data;      //按键输入数据
29      reg [1:0]  channel;   //通道选择
30      reg [7:0]  key1,key2,key3,key4; //4 个按键
31
32      always@(posedge clk_r or negedge rst_n )
```

```
33        if(!rst_n)
34            begin
35                key1 <=8'h00;
36                key2 <=8'h00;
37                key3 <=8'h00;
38                key4 <=8'h00;
39                data <=8'h00;
40                channel <=2'b00;
41            end
42        else
43         case(key)
44            4'b1110 :begin        //按键1：选择通道A，输入数字量加1
45                    channel <=2'b00;
46                        key1 <=key1 + 1'b1;
47                        data <=key1;
48                    end
49            4'b1101 :begin        //按键2：选择通道B，输入数字量加1
50                        channel <=2'b01;
51                        key2 <=key2 + 1'b1;
52                        data <=key2;
53                    end
54            4'b1011 :begin        //按键3：选择通道C，输入数字量加1
55                        channel <=2'b10;
56                        key3 <=key3 + 1'b1;
57                        data <=key3;
58                    end
59            4'b0111 :begin        //按键4：选择通道D，输入数字量加1
60                        channel <=2'b11;
61                        key4 <=key4 + 1'b1;
62                        data <=key4;
63                    end
64            default :;
65            endcase
66
67        //用赋值语句将需要的数据组合起来，在此例中RNG默认为1
68        assign wr_data={channel,1'b1,data};
69        assign out_data={{3'b000,channel[1]},3'b000,channel[0],4'h1,data};
70
71    endmodule
```

TLC_DA 模块的代码如下。

```
/*****************************************************
 *    Engineer            :小芯
 *    QQ                  :1510913608
 *    E_mail              :zxopenhl@126.com
 *    The module function: TLC5620芯片的驱动模块
 *****************************************************/
00    module TLC_DA(
01        input        clk,        //50MHz
```

```
02          input        rst_n,      //低电平复位
03          input [10:0] data_in,    //输入一帧数据
04          output       da_data,    //串行数据接口
05          output       da_clk,     //串行时钟接口
06          output reg   da_ldac,    //更新控制信号
07          output reg   da_load     //串行加载控制接口
08      );
09
10      //计数器时钟分频：根据芯片内部的时序要求进行分频
11      reg [30:0] cnt;
12      wire      da_clk_r;  //TLC5620 内部的时钟信号
13      always@(posedge clk or negedge rst_n)  //频率不大于1MHz
14          if(!rst_n)
15              cnt  <=6'd0;
16          else
17              cnt <=cnt + 1'b1;
18
19      assign da_clk_r=cnt[5];
20
21      //接收时序的序列机
22      reg [2:0]  state;
23      reg [3:0]  cnt_da;
24      reg        da_data_r;
25      reg        da_data_en; //限定 da_data、da_clk 的有效区域
26      always@(posedge da_clk_r or negedge rst_n)
27          if(!rst_n)
28              begin
29                  state <=0;
30                  cnt_da <=0;
31                  da_load <=1;
32                  da_ldac <=0;
33                  da_data_r <=1'b1;
34                  da_data_en <=0;
35              end
36          else
37              case(state)
38                  0:state <=1;
39                  1:begin
40                      da_load <=1;
41                      da_data_en <=1;
42                          if(cnt_da <=10)
43                              begin
44                                  cnt_da <=cnt_da + 1'b1;
45                                  case(cnt_da)
46                                      0: da_data_r <=data_in[10];
47                                      1: da_data_r <=data_in[9];
48                                      2: da_data_r <=data_in[8];
49                                      3: da_data_r <=data_in[7];
50                                      4: da_data_r <=data_in[6];
51                                      5: da_data_r <=data_in[5];
```

```
52                            6: da_data_r  <=data_in[4];
53                            7: da_data_r  <=data_in[3];
54                            8: da_data_r  <=data_in[2];
55                            9: da_data_r  <=data_in[1];
56                            10:da_data_r  <=data_in[0];
57                            default:;
58                        endcase
59                        state  <=1;
60                    end
61                else
62                    begin
63                        cnt_da  <=0;
64                        state  <=2;
65                        da_data_en  <=0;
66                    end
67            end
68        2:begin
69            da_load  <=0;
70            state  <=3;
71        end
72        3:begin
73            da_load  <=1;
74            state  <=0;
75        end
76        default:state  <=0;
77    endcase
78
79    assign da_data=(da_data_en) ? da_data_r :1'b1;
80    assign da_clk=(da_data_en)?da_clk_r :1'b0;
81
82 endmodule
```

seg_num 模块的代码如下。

```
/****************************************************
 *   Engineer         :小芯
 *   QQ               :1510913608
 *   E_mail           :zxopenhl@126.com
 *   The module function:数码管显示模块
 ****************************************************/
00 module seg_num(
01     input          clk,         //50MHz
02     input          rst_n,       //低电平复位
03     input  [19:0]  data_in,     //20 位输入数据
04
05     output reg [7:0] seg,        //数码管段选信号
06     output reg [2:0] sel         //数码管位选信号
07     );
08
09     //通过查找表的方式，将相应位的数码管与数据的相应位一一对应
```

```
10        reg [3:0] num;
11        always@(*)
12           case(sel)
13              4:num=data_in[3:0];       //第 5 个数码管显示数据的低 4 位[3:0]
14              3:num=data_in[7:4];       //第 4 个数码管显示数据的低 4 位[7:4]
15              2:num=data_in[11:8];      //第 3 个数码管显示数据的低 4 位[11:8]
16              1:num=data_in[15:12];     //第 2 个数码管显示数据的低 4 位[15:12]
17              0:num=data_in[19:16];     //第 1 个数码管显示数据的低 4 位[19:16]
18              default:;
19           endcase
20
21        //通过查找表的方式，将数据与数码管的显示方式一一对应
22        always@(*)
23           case(num)
24              0: seg <=8'hC0;      //8'b1100_0000
25              1: seg <=8'hF9; //8'b1111_1001
26              2: seg <=8'hA4; //8'b1010_0100
27              3: seg <=8'hB0; //8'b1011_0000
28              4: seg <=8'h99; //8'b1001_1001
29              5: seg <=8'h92; //8'b1001_0010
30              6: seg <=8'h82; //8'b1000_0010
31              7: seg <=8'hF8; //8'b1111_1000
32              8: seg <=8'h80; //8'b1000_0000
33              9: seg <=8'h90; //8'b1001_0000
34              default:seg <=8'hFF; //8'b1111_1111
35           endcase
36
37        //计数器时钟分频：用 cnt 在第 10 位的变化作为分频时钟
38        reg [23:0] cnt;
39        always@(posedge clk or negedge rst_n)
40           if(!rst_n)
41              cnt <=4'd0;
42           else
43              cnt <=cnt + 1'b1;
44        //在分频时钟下，数码管的 0～4 位依次循环
45        always@(posedge cnt[10] or negedge rst_n)    //分频时钟为 2^{10}/50M
46           if(!rst_n)
47              sel <=0;
48           else if(sel < 4)
49              sel <=sel + 1'b1;
50           else
51              sel <=0;
52
53    endmodule
```

top 模块的代码如下。

```
/*************************************************
*    Engineer           :小芯
*    QQ                  :1510913608
```

```
 *    E_mail            :zxopenhl@126.com
 *    The module function:系统顶层模块
 ***************************************************/
00  module top(
01      input         clk,          //50MHz
02      input         rst_n,        //低电平复位
03      input   [3:0] key,          //由 4 个按键组成的按键信号，低电平有效
04
05      output        da_data,      //串行接口数据
06      output        da_clk,       //串行接口时钟
07      output        da_ldac,      //更新信号
08      output        da_load,      //串行接口加载控制信号
09      output  [7:0] seg,          //数码管段选信号
10      output  [2:0] sel           //数码管位选信号
11  );
12      //内部信号：模块内部的接口信号，如模块 TLC_DA 的输出信号 data_in
13      wire [10:0] wr_data;
14      wire [19:0] out_data;      //输入给数码管的数据
15
16      //模块实例化
17      TLC_DA TLC_DA_inst(        //由输入数字量转换为模拟量模块
18          .clk(clk),
19          .rst_n(rst_n),
20          .da_clk(da_clk),
21          .da_data(da_data),
22          .da_ldac(da_ldac),
23          .da_load(da_load),
24          .data_in(wr_data)
25      );
26
27      key_test key_test_inst(    //按键控制模块
28          .clk(clk),
29          .rst_n(rst_n),
30          .key(key),
31          .wr_data(wr_data),
32          .out_data(out_data)
33      );
34
35      seg_num seg_num_inst(      //数码管显示模块
36          .clk(clk),
37          .rst_n(rst_n),
38          .data_in(out_data),
39          .seg(seg),
40          .sel(sel)
41      );
42
43  endmodule
```

在编写完代码之后，可查看 RTL 视图，如图 8.14 所示。

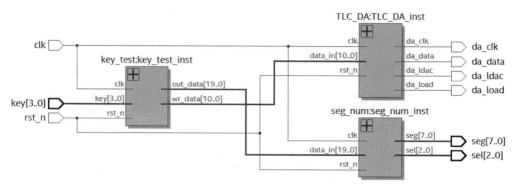

图 8.14

由 RTL 视图可知，通过编写代码得到的电路与之前设计的系统框架一致。下面将开始编写测试代码。

top 模块的测试代码如下。

```
/*************************************************
 *    Engineer          :小芯
 *    QQ                :1510913608
 *    E_mail            :zxopenhl@126.com
 *    The module function:系统顶层模块测试代码
 *************************************************/
00  `timescale 1ns/1ps
01  module da_ctrl_tb;
02
03      reg clk;
04      reg rst_n;
05      reg [10:0] data_in;
06
07      wire da_clk;
08      wire da_data;
09      wire da_load;
10      wire da_ldac;
11
12      da_ctrl da_ctrl_inst(
13          .clk(clk),
14          .rst_n(rst_n),
15          .data_in(data_in),
16          .da_clk(da_clk),
17          .da_data(da_data),
18          .da_load(da_load),
19          .da_ldac(da_ldac)
20      );
21
22      initial clk=1'b0;
23      always #10 clk=~clk;
24
25      initial
```

```
26      begin
27          rst_n=1'b0;
28          data_in=11'h0;
29          #200
30          rst_n=1'b1;
31          #100
32          data_in=11'b101_1000_0000;
33      end
34
35  endmodule
```

8.2.5　仿真分析

得到的仿真波形如图 8.15 所示。

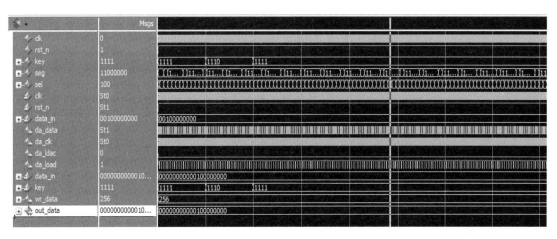

图 8.15

由于时间的关系，以上仿真过程只测试了按下按键 1 时的数码管显示功能：显示为 00100，表示通道 A，RNG 为 1，输入数字量为 00。大家可逐一测试按下其他按键时的功能。在完成测试后，可进行实际下板验证，也可利用万用表检测输入数字量对应的电压值。

8.3　VGA 实战演练

如果感觉通过查看波形进行功能判断比较单一、乏味的话，那么本节内容将带给大家全新的感受。图像处理技术发展迅猛，由其所带给大家的独特视觉感受，让很多人为之痴迷。下面小芯将和大家一起敲开图像处理技术的大门。

8.3.1　设计原理

VGA（Video Graphics Array，视频图形阵列）是由 IBM 公司于 1987 年提出的一个使用类比信号进行计算机显示的标准。虽然这个标准对于如今的个人计算机市场已经过时，但是

VGA 仍是很多制造商共同支持的一个标准，即个人计算机在加载驱动程序之前，都必须支持 VGA 标准。

VGA 支持在 640×480 像素的较高分辨率下同时显示 16 种色彩或 256 种灰度，同时在 320×240 像素的低分辨率下同时显示 256 种颜色。

XGA（eXtended Graphics Array，扩展图形阵列）是由 IBM 公司于 1990 年提出的显示标准。目前，XGA 的较新版本为 XGA-2，其以真彩色提供 800×600 像素的分辨率，或者以 65 536 种色彩提供 1024×768 像素的分辨率。

VGA 的接口如图 8.16 所示。

公插头（显示器端）　　　母插座（PC显卡端）　　　公插头编号

图 8.16

各引脚的功能说明如表 8.9 所示。

表 8.9

引脚	信号定义	描述
1	Red	红基色信号
2	Green	绿基色信号
3	Blue	蓝基色信号
4、11、12、15	Address ID	地址码
5	Self_test	自测试信号
6	Red GND	红基色信号地
7	Green GND	绿基色信号地
8	Blue GND	蓝基色信号地
9	Reserved	无定义保留
10	DGND	控制信号数字地
13	HSYNC	水平（行）同步信号
14	VSYNC	竖直（列）同步信号

在本次设计中，开发板电路原理图如图 8.17 所示。

由电路原理图可知，VGA 并没有特殊的外部芯片，也就是说，在设计过程中，唯一需要关注的就是其显示原理和时序。

1. VGA 的显示原理

VGA 的扫描方式分为逐行扫描和隔行扫描两种（在本次设计中采用逐行扫描）。

- 逐行扫描：从屏幕左上角的第一个点开始，从左向右逐点扫描。在扫描完第一行后，电子束便从第二行的起始位置开始从左向右逐点扫描。在这期间，将对电子束进行消隐。

● 隔行扫描：电子束在扫描时每隔一行扫描一次，扫完一屏后再返回扫描剩下的行。由于采用隔行扫描方式的显示器会快速闪烁，因此可能会令使用者的眼睛疲劳。

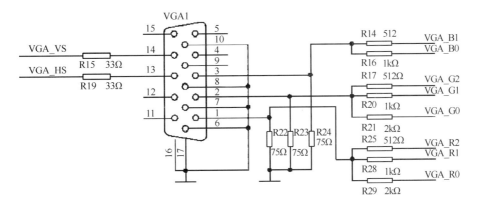

图 8.17

2. VGA 的时序

列同步的时序（简称列时序）如图 8.18 所示。

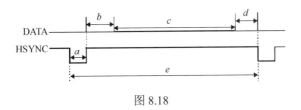

图 8.18

行同步的时序（简称行时序）如图 8.19 所示。

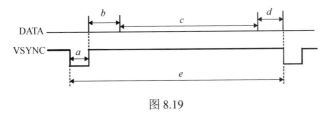

图 8.19

在 VGA 中，定义行时序和列时序时都需要同步脉冲（a 段）、显示后沿（b 段）、显示时序段（c 段）和显示前沿（d 段）4 部分。对显示模式的要求：行同步、列同步都为负极性，即同步脉冲为负脉冲。

由 VGA 的行时序可知：每行都有一个负极性的同步脉冲（a 段），是数据行的结束标志，也是下一行的开始标志；在同步脉冲之后为显示后沿（b 段）；在显示时序段（c 段，即显示器亮）的过程中，显示一行上的每个像素点，从而显示一行；在每行的最后为显示前沿（d 段）。在显示时序段之外没有图像被投射到屏幕上，而是插入了消隐信号。同步脉冲、显示后沿和显示前沿都在行消隐间隔内，当消隐有效时，屏幕不显示数据。

3. 显示标准

VGA 有许多的显示标准，如表 8.10 所示。

表 8.10

显示标准	时钟（MHz）	列时序（列数）					行时序（行数）				
		a	b	c	d	e	a	b	c	d	e
640×480×60	25.175	96	48	640	16	800	2	33	480	10	525
640×480×75	31.5	64	120	640	16	840	3	16	480	1	500
800×600×60	40	128	88	800	40	1056	4	23	600	1	628
800×600×75	49.5	80	160	800	16	1056	3	21	600	1	625
1024×768×60	65	136	160	1024	24	1344	6	29	768	3	806
1024×768×75	78.8	176	176	1024	16	1392	3	28	768	1	800
1280×1024×60	108	112	248	1280	48	1688	3	38	1024	1	1066
1280×800×60	83.64	136	200	1280	64	1680	3	24	800	1	828
1440×900×60	106.47	152	232	1440	80	1904	3	28	900	1	932

下面以本实例的显示标准 800×600×60（800 为列数，600 为行数，60Hz 为刷新频率）为例进行说明。

- 行时序：屏幕对应的行数为 628（$a+b+c+d=e$ 段），其中，600（c 段）为显示区的行数，每行均有行同步信号（a 段），为 4 个行周期的低电平。
- 列时序：屏幕对应的列数为 1056（$a+b+c+d=e$ 段），其中，800（c 段）为显示区的列数，每列均有列同步信号（a 段），为 128 个列周期的低电平。

屏幕的显示区和消隐区如图 8.20 所示。

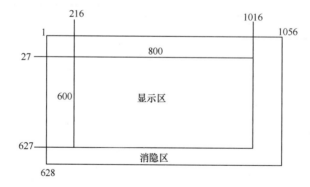

图 8.20

8.3.2　系统框架

在明白了 VGA 的基本概念后，开始进行本次的实例设计——通过 VGA 控制器驱动液晶显示器显示红色。系统顶层模块（vga_display_pure）的系统框架如图 8.21 所示。

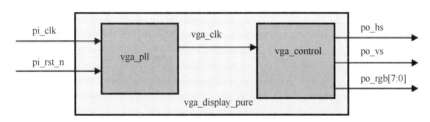

图 8.21

对系统顶层模块（vga_display_pure）中包含的子模块说明如下。

- vga_pll 模块（时钟分频模块）：为了同时满足分辨率为 800×600 像素的时钟频率为 40MHz、系统的时钟频率为 50MHz，可通过锁相环将时钟频率从 50MHz 转换为 40MHz。
- vga_control 模块（VGA 控制模块）：为了设置行、列的同步信号，可标定有效显示区域，输出控制颜色的 po_rgb 信号。

对图 8.21 中的端口说明如表 8.11 所示。

表 8.11

端口名称	位宽	输入/输出	说明
pi_clk	1	输入	开发板时钟
pi_rst_n	1	输入	全局复位信号
po_hs	1	输出	VGA 的行同步信号
po_vs	1	输出	VGA 的列同步信号
po_rgb	8	输出	VGA 三基色（RGB332）信号

小芯温馨提示

尽管在时钟分频模块中应用了锁相环，但是在之前的章节中已对锁相环的使用进行了介绍，所以此处不再赘述。

8.3.3　代码说明

vga_control 模块的代码如下。

```
/***********************************************************
*    Engineer           :小芯
*    QQ                  :1510913608
```

```
  *   E_mail            :zxopenhl@126.com
  *   The module function: VGA 控制模块
  ************************************************************/
00 module vga_control (pi_clk, pi_rst_n, po_hs, po_vs, po_rgb);
01
02     input pi_clk, pi_rst_n;   //系统时钟复位
03     output reg po_vs;          //VGA 列同步信号
04     output reg po_hs;          //VGA 行同步信号
05     output [7:0] po_rgb;       //VGA 三基色：红、绿、蓝
06
07     //----------------VGA 时序-------------------------------
08     //        显示标准      时钟
09     //        800×600×60   40MHz
10     //行/列   同步脉冲(a)  显示后沿(b)  显示时序段(c) 显示前沿(d)  扫描时间(e)
11     //hs       128          88           800           40          1056
12     //vs       4            23           600           1           628
13
14     //行(Horizontal)扫描   Parameter （像素）
15     parameter H_A=128;
16     parameter H_B=88;
17     parameter H_C=800;
18     parameter H_D=40;
19     parameter H_E=1056;
20
21
22     //列(Vertical)扫描 Parameter （行数）
23     parameter V_A=4;
24     parameter V_B=23;
25     parameter V_C=600;
26     parameter V_D=1;
27     parameter V_E=628;
28
29     //行扫描计数器
30     reg [10:0] hcnt;
31
32     always @ (posedge pi_clk or negedge pi_rst_n)
33     begin
34        if (!pi_rst_n)
35          hcnt <=11'd0;
36        else
37          begin
38            if (hcnt==(H_E - 1'b1))  //扫描完一行
39              hcnt <=11'd0;
40            else
41              hcnt <=hcnt + 1'b1;
42          end
```

```
43      end
44
45      //列扫描计数器
46      reg [10:0] vcnt;
47
48      always @ (posedge pi_clk or negedge pi_rst_n)
49      begin
50         if (!pi_rst_n)
51            vcnt <=11'd0;
52         else if (vcnt==(V_E - 1'b1))
53            vcnt <=11'd0;
54         else if (hcnt==(H_E - 1'b1))
55            vcnt <=vcnt + 1;
56      end
57
58      //行同步输出
59      always @ (posedge pi_clk or negedge pi_rst_n)
60      begin
61         if (!pi_rst_n)
62            po_hs <=1'b1;
63         else if (hcnt < H_A)
64            po_hs <=1'b0;
65         else
66            po_hs <=1'b1;
67      end
68
69      //列同步输出
70      always @ (posedge pi_clk or negedge pi_rst_n)
71      begin
72         if (!pi_rst_n)
73            po_vs <=1'b1;
74         else if (vcnt < V_A)
75            po_vs <=1'b0;
76         else
77            po_vs <=1'b1;
78      end
79
80      wire rgb_en;
81
82      assign rgb_en=(hcnt>=H_A+H_B&&hcnt<H_A+H_B+H_C)&&
83                      (vcnt>=V_A+V_B&&vcnt<V_A+V_B+V_C)?1'b1:1'b0;
84
85      assign po_rgb=rgb_en ? 8'b111_000_00 :8'b0000_0000;
86
87 endmodule
```

vga_control 模块用于描述行时序、列时序，以及显示区：第 15～27 行代码用于定义显示标准 800×600×60 的参数；第 29～56 行代码用于定义行扫描计数器和列扫描计数器，当计数满一行后，行扫描计数器清零，当所有列扫描完毕后，列扫描计数器清零；第 58~78 行代码用于定义行同步输出和列同步输出的逻辑；第 80 行代码用于定义一个有效区域的标志信号；第 82~83 行代码用于定义显示区（800×600）；第 85 行代码用于在显示区域中显示红色数据。

系统顶层模块（vga_display_pure）的代码如下。

```
/*************************************************
 *    Engineer         :小芯
 *    QQ               :1510913608
 *    E_mail           :zxopenhl@126.com
 *    The module function:系统顶层模块
 *************************************************/
00   module vga_display_pure (pi_clk, pi_rst_n, po_hs, po_vs, po_rgb);
01
02       input pi_clk, pi_rst_n;         //系统时钟复位
03       output po_vs;                   //VGA 列同步信号
04       output po_hs;                   //VGA 行同步信号
05       output [7:0] po_rgb;            //VGA 三基色：红绿蓝
06
07       //-----------------VGA 时序-----------------------------------
08       //        显示标准      时钟
09       //        800×600×60  40MHz
10       //行/列   同步脉冲(a)   显示后沿(b)   显示时序段(c)   显示前沿(d)   扫描时间(e)
11       //hs      128          88            800            40           1056
12       //vs      4            23            600            1            628
13
14       wire vga_clk;
15
16       vga_pll vga_pll_dut(
17           .areset(~pi_rst_n),
18           .inclk0(pi_clk),
19           .c0(vga_clk)
20       );
21
22       vga_control vga_control_dut(
23           .pi_clk(vga_clk),
24           .pi_rst_n(pi_rst_n),
25           .po_hs(po_hs),
26           .po_vs(po_vs),
27           .po_rgb(po_rgb)
28       );
29
30   endmodule
```

在编写完代码之后，可查看 RTL 视图，如图 8.22 所示。

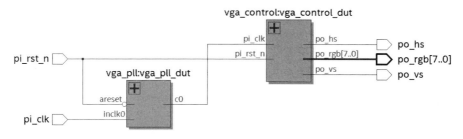

图 8.22

从 RTL 视图可以看出，通过编写代码得到的电路和之前设计的系统框架一致。

为了验证本实例的逻辑正确性，可对其进行仿真。在仿真时，为了减少仿真时间，可将行、列扫描的对应参数进行缩放（减少了扫描数据，不仅能够节约仿真时间，而且便于分析、观察）。下面将开始编写测试代码。

系统顶层模块（vga_display_pure）的测试代码如下。

```
*    Engineer          :小芯
*    QQ                :1510913608
*    E_mail            :zxopenhl@126.com
*    The module function:系统顶层模块的测试代码
*******************************************************/
00 `timescale 1ns/1ps
01
02 module vga_display_pure_tb;
03
04    reg pi_clk, pi_rst_n;//系统时钟复位
05    wire  po_vs;             //VGA 列同步信号
06    wire  po_hs;             //VGA 行同步信号
07    wire  [7:0] po_rgb;      //VGA 三基色：红绿蓝
08
09    //初始化数据，并附相应初值
10    initial begin
11       pi_clk=0;
12       pi_rst_n=0;
13       #200.1 pi_rst_n=1;
14    end
15
16    vga_display_pure vga_display_pure_inst (
17       .pi_clk(pi_clk),
18       .pi_rst_n(pi_rst_n),
19       .po_hs(po_hs),
20       .po_vs(po_vs),
21       .po_rgb(po_rgb)
22    );
23
24    always #10 pi_clk=~pi_clk;  //50MHz 时钟频率描述
```

```
25
26 endmodule
```

8.3.4 仿真分析

得到的仿真波形如图 8.23 所示。

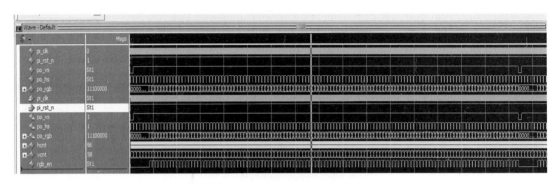

图 8.23

通过观察仿真波形可以看出其效果与之前的设计吻合：只有当 po_vs 和 po_hs 均为高电平时，rgb_en 信号才有效，并且输出 po_rgb 的红色信号，仿真波形的局部放大图如图 8.24 所示。

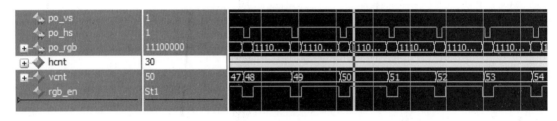

图 8.24

接下来可进行管脚分配，并将代码下载到开发板，即可看到整个液晶显示器显示为红色，这就说明本实例的设计正确。

8.4 串口通信实战演练

UART 串行接口可简称为串口，是各类芯片常用的一种异步通信接口，也是不同平台互相通信、互相控制的一个最基本的接口。通过串口，可以建立起计算机、实验板之间的通信和控制关系，也就是通常所说的上/下位机通信。下面小芯将和大家一起领略它的"风采"。

8.4.1 设计原理

在本实例中将设计一个 UART 控制器：当控制器从上位机接收到数据后，立刻将数据输出，并发送回上位机，从而完成"回环测试"。

若要实现 UART 通信，则需要用到一个外部的电平转换芯片 MAX232。其配置电路如图 8.25 所示。

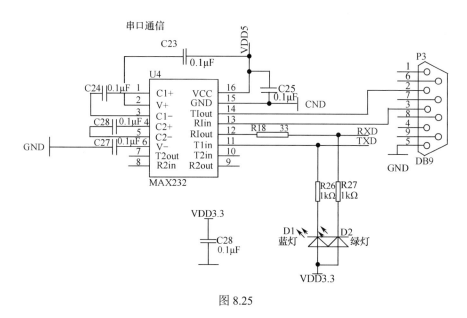

图 8.25

电平转换芯片 MAX232 是美信（MAXIM）公司专为 RS-232 串口设计的单电源电平转换芯片，使用+5V 单电源供电。

电平转换芯片 MAX232 具有如下特点。

- 符合所有 RS-232 技术标准。
- 只需要单一的+5V 电源供电。
- 片载电荷泵具有升压、电源极性翻转的能力，能够产生+10V 和-10V 电压。
- 功耗低，典型的供电电流为 5mA。
- 内部集成 2 个 RS-232 驱动器。
- 集成度高，片外只需 4 个电容即可工作。

由电平转换芯片 MAX232 的配置电路可以看出，FPGA 需要控制的仅为两条信号线：RXD 和 TXD，即数据接收线和数据发送线，因此，我们只关注电平转换芯片 MAX232 在数据接收和发送时的时序图即可，如图 8.26 所示。

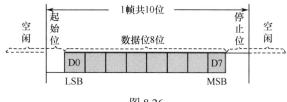

图 8.26

对时序图中的数据格式说明如表 8.12 所示。

表 8.12

名称	位数	描述
起始位	1	总为逻辑 0
数据位	8	低位在前（LSB）
奇偶校验位	1	奇校验或偶校验
停止位	1	总为逻辑 1

📖 小芯温馨提示

　　由于在此实例中无奇偶校验位，因此一帧数据的位数为 10。奇偶校验位用于校验代码传输的正确与否。根据被传输的二进制代码中 "1" 的个数是奇数或偶数来进行校验：根据 "1" 的个数是奇数进行校验的方式称为奇校验，反之，则称为偶校验。采用何种校验方式（奇校验或偶校验）是事先规定好的。

　　在 UART 接收数据时，一帧数据的中间 8 位为有效数据，忽略起始位与停止位；在 UART 发送数据时，应将发送的 8 位有效数据转换为串行数据，并为其添加起始位与停止位。

　　UART 中的一帧数据（10 位）在空闲时均为高电平，在检测到起始位（低电平）之后，开始采集 8 位有效数据（低位在前），并将停止位置为高电平。

　　如何控制 UART 的传输速率呢？这就涉及波特率的概念。波特率是衡量数据传输速率的指标，表示每秒传送的二进制位数（bit）。例如，数据的传输速率为 120 字符/秒，而每个字符的位数为 10，则其传输的波特率为 $10 \times 120 = 1200 \text{bit/s}$。在本实例中设置波特率为 9600bit/s。

8.4.2　系统架构

　　系统顶层模块（uart）的系统框架如图 8.27 所示。

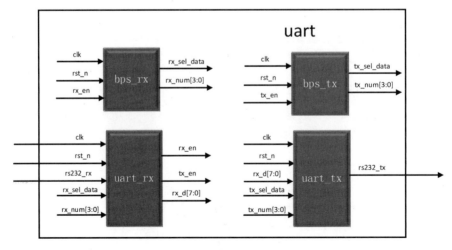

图 8.27

对系统顶层模块（uart）中包含的子模块说明如下。

- bps_rx 模块为串口接收数据的速率控制模块：当使能信号 rx_en 为高电平时，bps_rx 模块内部的计数器开始计数，按照设置好的波特率，输出用于控制数据采集的尖峰脉冲信号 rx_sel_data，以及有效数据位的计数值 rx_num。
- uart_rx 模块为串口串行数据的接收模块：数据从端口 rs232_rx 输入，在采集控制信号 rx_sel_data 和有效数据位的计数值 rx_num 的控制下进行串/并转换，从端口 rx_d 输出。tx_en 为用于控制模块的使能信号，当 uart_rx 模块接收完数据后，将使能信号 tx_en 置于高电平，并开始发送数据，即将采集到的数据 rx_d 发送到上位机。
- bps_tx 模块为串口发送数据的速率控制模块：当使能信号 tx_en 为高电平时，bps_tx 模块内部计数器开始计数，并按照设置好的波特率，输出控制数据发送的尖峰脉冲信号 tx_sel_data 和有效数据位的计数值 tx_num。
- uart_tx 模块为串口串行数据的发送模块：并行数据从端口 rx_d 输入，在采集控制信号 tx_sel_data 和有效数据位的计数值 tx_num 的控制下进行并/串转换，从端口 rs232_tx 输出。

对系统顶层模块（uart），以及其包含的子模块的功能说明如表 8.13 所示。

表 8.13

模块名称	功能描述	模块名称	功能描述
bps_rx	串口接收数据的速率控制模块：用于控制串口接收数据的速率	uart_tx	串口串行数据的发送模块：用于发送串口串行数据
uart_rx	串口串行数据的接收模块：用于接收串口串行数据	uart	系统顶层模块：用于进行顶层连接
bps_tx	串口发送数据的速率控制模块：用于控制串口发送数据的速率		

对模块端口的说明如表 8.14 所示；对内部连线的说明如表 8.15 所示。

表 8.14

端口名称	端口说明	端口名称	端口说明
clk	系统时钟输入	rs232_tx	数据输出端口
rst_n	系统复位	rs232_rx	数据输入端口

表 8.15

连线名称	连线说明	连线名称	连线说明
rx_en	bps_rx 开始计数的使能信号	tx_en	控制模块的使能信号
rx_sel_data	控制数据采集的尖峰脉冲信号	tx_sel_data	控制数据发送的尖峰脉冲信号
rx_num	有效数据位的计数值	tx_num	有效数据位的计数值
rx_d	接收到的数据		

8.4.3　代码说明

串口接收数据的速率控制模块（bps_rx 模块）的代码如下。

```
/*******************************************************
*   Engineer     :小芯
*   QQ           :1510913608
*   E_mail       :zxopenhl@126.com
*   The module function: 用于控制串口接收数据的速率
*******************************************************/
00   module bps_rx(
01             clk,              //系统时钟 50MHz
02             rst_n,            //低电平复位
03             rx_en,            //使能信号
04             rx_sel_data,      //波特率计数的中心点（采集数据的使能信号）
05             rx_num            //一帧数据（0~9）
06         );
07       //模块输入
08       input          clk;    //系统时钟频率 50MHz
09       input          rst_n;  //低电平复位
10       input          rx_en;  //使能信号：串口接收开始
11       //模块输出
12       output reg      rx_sel_data;      //波特率计数的中心点（采集数据的使能信号）
13       output reg [3:0] rx_num;          //一帧数据（0~9）
14   //设置参数
15   parameter bps_div=13'd5207,
16             bps_div_2=13'd2603;
17
18   //接收标志位：接收到使能信号 rx_en 后，将标志位 flag 拉高
19   reg      flag;
20   always@(posedge clk or negedge rst_n)
21       if(!rst_n)
22           flag <=0;
23       else if(rx_en)
24           flag <=1;
25       else if(rx_num==4'd10)
26           flag <=0;
27
28   //波特率计数
29   reg [12:0] cnt;
30   always@(posedge clk or negedge rst_n)
31       if(!rst_n)
32           cnt <=13'd0;
33     else if(flag && cnt < bps_div)
34           cnt <=cnt + 1'b1;
35     else
36           cnt <=13'd0;
37
38   //规定接收数据的范围:即一帧数据(10 位：1 位起始位，8 位数据位，1 位停止位)
39   always@(posedge clk or negedge rst_n)
40       if(!rst_n)
41           rx_num <=4'd0;
42     else if(rx_sel_data && flag)
```

```
43              rx_num <=rx_num + 1'b1;
44         else if(rx_num==4'd10)
45              rx_num <=1'd0;
46
47  //数据在波特率的中间部分采集:即接收数据的使能信号
48  always@(posedge clk or negedge rst_n)
49     if(!rst_n)
50         rx_sel_data <=1'b0;
51     else if(cnt==bps_div_2)//生成尖峰脉冲,尖峰脉冲为采集数据的使能信号
52         rx_sel_data <=1'b1;
53     else
54         rx_sel_data <=1'b0;
55
56  endmodule
```

在串口接收数据的速率控制模块的代码中，第 20~26 行代码负责控制 flag 的值（若 flag 为高电平，则表示一帧数据正在传输）；第 29~36 行代码用于定义波特率计数器（当 flag 有效时计数器开始计数）；第 39~45 行代码用于定义在尖峰脉冲的作用下接收数据的范围；第 48~54 行代码负责在波特率计数值的中间部位生成尖峰脉冲 rx_sel_data，两个尖峰脉冲之间的间隔为 5207 个系统时钟周期，满足之前设置的 9600bit/s。

串口串行数据的接收模块（uart_rx 模块）的代码如下。

```
/************************************************
 *    Engineer    :小芯
 *    QQ          :1510913608
 *    E_mail      :zxopenhl@126.com
 *    The module function:用于接收串口串行数据
 ************************************************/
00  module uart_rx(
01              clk,              //50MHz 时钟频率
02              rst_n,            //低电平复位
03              rs232_rx,         //输入串行数据
04              rx_num,           //一帧数据控制位
05              rx_sel_data,      //波特率计数的中心点（采集数据的使能信号）
06              rx_en,            //使能信号：启动接收波特率计数
07              tx_en,            //使能信号：在接收完数据后，开始启动发送模块
08              rx_d              //将采集数据的有效 8 位串行数据转换为并行数据
09          );
10     //模块输入
11     input        clk;           //50MHz 时钟频率
12     input        rst_n;         //低电平复位
13     input        rs232_rx;      //输入串行数据
14     input [3:0]  rx_num;        //一帧数据控制位
15     input        rx_sel_data;   //波特率计数的中心点（采集数据的使能信号）
16     //模块输出
17     output       rx_en;         //使能信号：启动接收波特率计数
18     output reg   tx_en;         //使能信号：在接收完数据后，开始发送数据
19     output reg [7:0] rx_d;      //将采集数据的有效 8 位串行数据转换为并行数据
20  //检测低电平（起始位）
```

```
21  reg in_1,in_2;
22  always@(posedge clk or negedge rst_n)
23      if(!rst_n)
24          begin
25              in_1 <=1'b1;
26              in_2 <=1'b1;
27          end
28      else
29          begin
30              in_1 <=rs232_rx;
31              in_2 <=in_1;
32          end
33
34  assign rx_en=in_2 &(~in_1); //拉高使能信号
35
36  //确保在一帧数据的中间 8 位进行数据读取
37  reg [7:0] rx_d_r;
38  always@(posedge clk or negedge rst_n)
39      if(!rst_n)
40          begin
41              rx_d_r <=8'd0;
42              rx_d   <=8'd0;
43          end
44      else if(rx_sel_data)
45          case(rx_num)
46              0:;                          //忽略起始位
47              1:rx_d_r[0] <=rs232_rx;      //采集中间 8 位有效数据
48              2:rx_d_r[1] <=rs232_rx;
49              3:rx_d_r[2] <=rs232_rx;
50              4:rx_d_r[3] <=rs232_rx;
51              5:rx_d_r[4] <=rs232_rx;
52              6:rx_d_r[5] <=rs232_rx;
53              7:rx_d_r[6] <=rs232_rx;
54              8:rx_d_r[7] <=rs232_rx;
55              9:rx_d   <=rx_d_r;           //锁存采集的 8 位有效数据（忽略停止位）
56              default:;
57          endcase
58  //使能信号：在完成接收后立即拉高 tx_en
59  always@(posedge clk or negedge rst_n)
60      if(!rst_n)
61          tx_en <=0;
62      else if(rx_num==9 && rx_sel_data) //在接收停止位之后拉高一个时钟
63          tx_en <=1;
64      else
65          tx_en <=0;
66  endmodule
```

在串口串行数据的接收模块代码中，第 22~34 行代码用于对下降沿进行检测（在检测到 rs232_rx 出现下降沿时说明一帧数据开始传输）；第 38~57 行代码用于在 rx_sel_data 的控制下，将串行数据进行串/并转换，并逐位存储到中间并行寄存器 rx_d_r 中；第 59~65 行代码用于在数据采集完毕后，输出使能信号 tx_en，并将采集到的数据发送到上位机。

串口发送数据的速率控制模块（bps_tx 模块）的代码如下。

```
/*****************************************************
*    Engineer    :小芯
*    QQ          :1510913608
*    E_mail      :zxopenhl@126.com
*    The module function:用于控制串口发送数据的速率
*****************************************************/
00  module bps_tx(
01          clk,          //系统时钟频率 50MHz
02          rst_n,        //低电平复位
03          tx_en,        //使能信号：串口开始发送
04
05          tx_sel_data,  //波特率计数的中心点（采集数据的使能信号）
06          tx_num        //一帧数据（0～9）
07      );
08      //模块输入
09      input          clk;          //系统时钟频率 50MHz
10      input          rst_n;        //低电平复位
11      input          tx_en;        //使能信号：串口开始发送
12      //模块输出
13      output reg       tx_sel_data;//波特率计数的中心点
14      output reg [3:0] tx_num;     //一帧数据（0～9）
15  //设置参数
16  parameter bps_div=13'd5207,
17           bps_div_2=13'd2603;
18
19  //发送标志位：接收到使能信号 tx_en 后，将标志位 flag 拉高
20  reg     flag;
21  always@(posedge clk or negedge rst_n)
22      if(!rst_n)
23          flag <=0;
24      else if(tx_en)
25          flag <=1;
26      else if(tx_num==4'd10)
27          flag <=0;
28
29  //波特率计数
30  reg [12:0] cnt;
31  always@(posedge clk or negedge rst_n)
32      if(!rst_n)
33          cnt <=13'd0;
34    else if(flag && cnt < bps_div)
35          cnt <=cnt + 1'b1;
36    else
37           cnt <=13'd0;
38
```

```
39    //规定发送数据的范围:即一帧数据(10 位: 1 位起始位, 8 位数据位, 1 位停止位)
40    always@(posedge clk or negedge rst_n)
41       if(!rst_n)
42          tx_num <=4'd0;
43       else if(tx_sel_data && flag)
44          tx_num <=tx_num + 1'b1;
45       else if(tx_num==4'd10)
46          tx_num <=1'd0;
47
48    //数据在波特率的中间部分采集
49    always@(posedge clk or negedge rst_n)
50       if(!rst_n)
51          tx_sel_data <=1'b0;
52       else if(cnt==bps_div_2)//用于产生尖峰脉冲
53          tx_sel_data <=1'b1;
54       else
55          tx_sel_data <=1'b0;
56
57    endmodule
```

在串口发送数据的速率控制模块（bps_tx 模块）的代码中，确定了发送数据与接收数据的有效范围，并进行分频计数（在此实例中，设置波特率为 9600bit/s，时钟频率为 50MHz，分频计数值为 5207）。因为 bps_tx 模块（串口发送数据的速率控制模块）的代码与 bps_rx 模块（串口接收数据的速率控制模块）的代码类似，所以这里不再对 bps_tx 模块的代码进行解说。

串口串行数据的发送模块（uart_tx 模块）的代码如下。

```
/****************************************************
*    Engineer    :小芯
*    QQ          :1510913608
*    E_mail      :zxopenhl@126.com
*    The module function:用于发送串口串行数据
****************************************************/
00  module uart_tx(
01       clk,                              //50MHz 时钟频率
02       rst_n,                            //低电平复位
03       tx_num,                           //一帧数据控制位
04       tx_sel_data,                      //波特率计数的中心点（采集数据的使能信号）
05       rx_d,                             //8 位数据（即输入数据）
06       rs232_tx                          //uart 发送信号（一帧数据）
07    );
08       //模块输入
09       input        clk;                 //50MHz 时钟频率
10       input            rst_n;           //低电平复位
11       input [3:0]  tx_num;              //一帧数据控制位
12       input        tx_sel_data;         //波特率计数的中心点（采集数据的使能信号）
13       input [7:0]  rx_d;                //8 位数据（即输入数据）
14       //模块输出
15       output reg   rs232_tx;            //uart 发送信号（一帧数据）
```

```
16    //在串口发送的过程中，确保发送1位起始位，8位有效数据位，1位停止位
17    always@(posedge clk or negedge rst_n)
18    if(!rst_n)
19        rs232_tx <=1'b1;
20    else if(tx_sel_data)
21        case(tx_num)
22            0:rs232_tx <=1'b0;            //起始位为低电平
23            1:rs232_tx <=rx_d[0];
24            2:rs232_tx <=rx_d[1];
25            3:rs232_tx <=rx_d[2];
26            4:rs232_tx <=rx_d[3];
27            5:rs232_tx <=rx_d[4];
28            6:rs232_tx <=rx_d[5];
29            7:rs232_tx <=rx_d[6];
30            8:rs232_tx <=rx_d[7];
31            9:rs232_tx <=1'b1;            //停止位为高电平
32            default:rs232_tx <=1'b1;  //串口的其他空闲位均为高电平
33        endcase
34
35 Endmodule
```

在串口串行数据的发送模块（uart_tx 模块）的代码中，第 20～33 行代码用于在 tx_sel_data 的作用下，rs232_tx 发送启动信号，并逐位输出并行数据，完成并/串转换，在 8 位数据发送完毕后发送停止信号，结束数据的传输。

系统顶层模块（uart 模块）的代码如下。

```
/********************************************
 *   Engineer      :小芯
 *   QQ            :1510913608
 *   E_mail        :zxopenhl@126.com
 *   The module function:用于顶层连接
 ********************************************/
00 module uart(
01        clk,                //系统时钟频率50MHz
02        rst_n,              //低电平复位
03        rs232_rx,
04        rs232_tx
05    );
06    //系统输入
07    input   clk;            //系统时钟频率50MHz
08    input   rst_n;          //低电平复位
09    input   rs232_rx;
10    //系统输出
11    output  rs232_tx;
12    //内部信号：模块内部的接口信号，如模块 bps_rx 的使能信号 rx_en
13    //通过内部信号 rx_en 令模块 bpx_rx 与模块 uart_rx 的使能信号 tx_en 相连
14
15    wire  rx_en;
16    wire  tx_en;
17    wire [7:0] rx_d;
```

```
18      wire [3:0] rx_num,tx_num;
19
20      //模块实例化
21      bps_rx bps_rx(           //串口接收数据的速率控制模块
22          .clk(clk),
23          .rst_n(rst_n),
24          .rx_en(rx_en),
25          .rx_num(rx_num),
26          .rx_sel_data(rx_sel_data)
27      );
28
29      uart_rx uart_rx(         //串口串行数据的接收模块
30          .clk(clk),
31          .rx_d(rx_d),
32          .rst_n(rst_n),
33          .rs232_rx(rs232_rx),
34          .rx_en(rx_en),
35          .rx_num(rx_num),
36          .rx_sel_data(rx_sel_data),
37          .tx_en(tx_en)
38      );
39
40      bps_tx bps_tx(           //串口发送数据的速率控制模块
41          .clk(clk),
42          .rst_n(rst_n),
43          .tx_en(tx_en),
44          .tx_num(tx_num),
45          .tx_sel_data(tx_sel_data)
46      );
47      uart_tx uart_tx(         //串口串行数据的发送模块
48          .clk(clk),
49          .rst_n(rst_n),
50          .rx_d(rx_d),
51          .rs232_tx(rs232_tx),
52          .tx_num(tx_num),
53          .tx_sel_data(tx_sel_data)
54      );
55
56 endmodule
```

在编写完代码之后，可查看 RTL 视图，如图 8.28 所示。

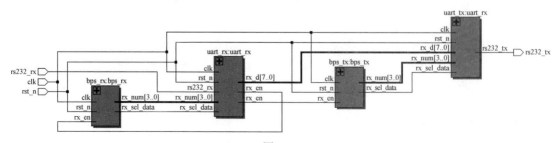

图 8.28

从 RTL 视图可以看出，通过编写代码得到的电路和之前设计的系统框架一致。这就说明系统顶层模块的逻辑正确。下面将开始编写测试代码。

系统顶层模块（uart 模块）的测试代码如下。

```
/***********************************************
 *    Engineer     :小芯
 *    QQ           :1510913608
 *    E_mail       :zxopenhl@126.com
 *    The module function: 系统顶层模块（uart 模块）的测试代码
 ***********************************************/
00 `timescale 1ns/1ps              //设置仿真时间的单位与精度分别为1ns、1ps
01
02 module  uart_tb;
03 //系统输入
04    reg  clk;                     //系统时钟频率 50MHz
05    reg  rst_n;                   //低电平复位
06    reg  rs232_rx;
07    //系统输出
08    wire rs232_tx;
09    //实例化
10    uart  uart(
11       .clk(clk),                 //系统时钟频率 50MHz
12       .rst_n(rst_n),             //低电平复位
13       .rs232_rx(rs232_rx),
14       .rs232_tx(rs232_tx)
15    );
16
17    initial
18    begin
19       clk=0; rst_n=0; rs232_rx=1;   //在复位阶段，将激励赋初值
20       #200.1  rst_n=1;              //延时 200ns 后停止复位
21       //模拟发送一帧数据（发送时间的延时根据设置的波特率计算）
22       #200   rs232_rx=0;            //起始位
23       #110000 rs232_rx=0;           //发送数据 8'ha4 (8'b0110_0100)
24       #110000 rs232_rx=1;
25       #110000 rs232_rx=1;
26       #110000 rs232_rx=0;
27       #110000 rs232_rx=0;
28       #110000 rs232_rx=1;
29       #110000 rs232_rx=0;
30       #110000 rs232_rx=0;
31       #110000 rs232_rx=1;           //停止位
32       #1500000 $stop;               //仿真 1500000ns 后停止
33    end
34    always #10 clk=~clk;             //每隔 10ns 翻转一次，时钟频率为 50MHz
35 endmodule
```

在系统顶层模块（uart 模块）的测试代码中，第 22～31 行代码用于模拟上位机数据的输入，以便测试串口串行数据的发送模块、串口串行数据的接收模块是否能够进行正常的数据发送和接收。

8.4.4 仿真分析

得到的仿真波形如图 8.29 所示。

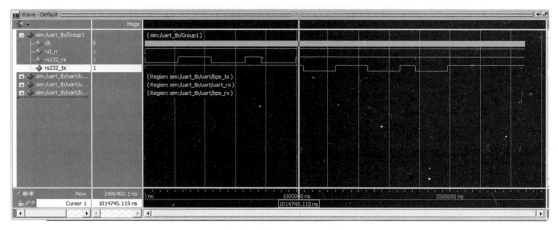

图 8.29

从仿真波形中可以清楚地看到，接收和发送的波形完全相同，这就说明本实例的设计正确。

8.5 DDS 实战演练

DDS（Direct Digital Synthesis）为信号发生器，又被称为直接数字频率合成技术。其基本原理是先将参考波形按照一定的采样时钟进行采样，并量化为预先设置的数据位宽；再将数据存入存储设备中，输出存储设备中的数据即可形成想要的波形。

8.5.1 数据生成

DDS 数据的生成需要借助软件实现。在本实例中使用软件 Guagle 生成所需的波形，设置采样频率为 1MHz，数据位宽为 8，如图 8.30 所示。

图 8.30

在 FPGA 内存储时可采用 ROM 实现。ROM 的初始化通过 ".mif" 文件实现：在软件 Guagle 中选好波形后便可直接生成 ".mif" 文件。在这里分别生成正弦波和定义波形的 ".mif" 文件，如图 8.31 和图 8.32 所示。

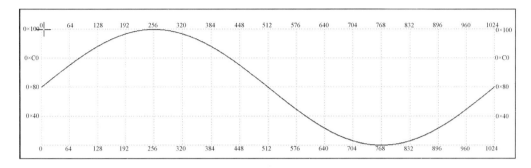

图 8.31

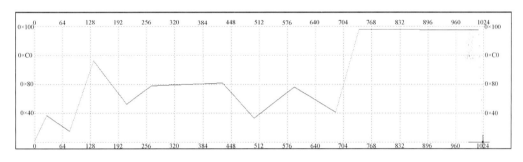

图 8.32

8.5.2　代码说明

在 IP Catalog 界面的 IP Catalog 搜索框中输入 rom，即可找到 "ROM:1-PORT" 选项，双击该选项，如图 8.33 所示。

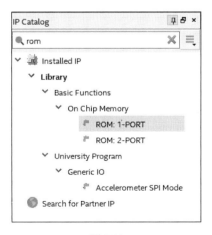

图 8.33

📖 **小芯温馨提示**

在这里使用的是单端口 ROM，若大家对双端口 ROM 感兴趣的话，可自行调用，这里不再赘述。

此时将进入 ROM 的设置向导：设置深度和位宽。在这里将深度设置为 1024words，位宽为 8bits，如图 8.34 所示。

How wide should the 'q' output bus be?	8 ∨	bits
How many 8-bit words of memory?	1024 ∨	words

图 8.34

因为参考波形的采样频率为 1MHz，数据通过 ".mif" 文件被保存在 ROM 中，因此 ROM 的数据输出频率也为 1MHz（利用锁相环实现分频功能）。

通过 IP Catalog 调用锁相环，频率设置如图 8.35 所示。

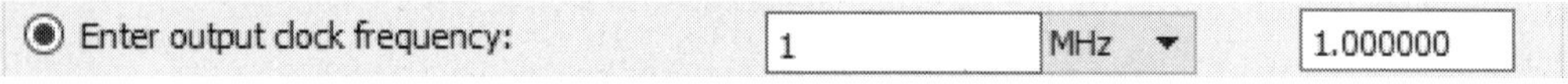

◉ Enter output clock frequency:	1	MHz ▼	1.000000

图 8.35

按照以上参数的设置调用 ROM 和锁相环（PLL），其余设置一律采用默认值。下面开始编写 DDS 的系统顶层模块，并将 ROM 和 PLL 实例化到系统顶层模块中。

```
/***************************************************
 *   Engineer        :小芯
 *   QQ              :1510913608
 *   E_mail          :zxopenhl@126.com
 *   The module function:系统顶层模块
 ***************************************************/
00 module my_dds
01   (
02      input clk,
03      output [7:0] dds_wave
04   );
05   reg [9:0]dds_addr;
06   wire clk_1MHz;
07   wire rst_n;
08   always @(posedge clk_1MHz  or negedge rst_n)
09   if(~rst_n)
10      dds_addr<=10'd0;
11   else if(dds_addr==10'd1023)
12      dds_addr<=10'd0;
13   else
14      dds_addr<=dds_addr+1'b1;
15   pll pll_ins
16   (
17      .inclk0(clk),
```

```
18          .c0(clk_1MHz),
19          .locked(rst_n)
20      );
21      rom  rom_ins
22      (
23          .address(dds_addr),
24          .clock(clk_1MHz),
25          .q(dds_wave)
26      );
27  endmodule
```

在编写完代码之后，可查看 RTL 视图，如图 8.36 所示。

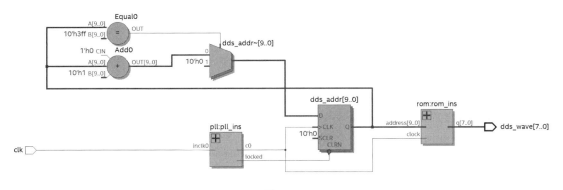

图 8.36

8.5.3　仿真分析

下面将开始编写测试代码。系统顶层模块的测试代码如下所示。

```
/***********************************************
 *   Engineer          :小芯
 *   QQ                :1510913608
 *   E_mail            :zxopenhl@126.com
 *   The module function:系统顶层模块的测试代码
 ***********************************************/
00  `timescale  1ns/1ns
01  module testbench;
02      reg clk_50MHz;
03      wire [7:0] dds_wave;
04      initial clk_50MHz=0;
05      always #20 clk_50MHz=~clk_50MHz;
06      my_dds my_dds_ins
07      (
08          .clk(clk_50MHz),
09          .dds_wave(dds_wave)
10      );
11  endmodule
```

在 ROM 中加载之前生成的".mif"文件并通过 ModelSim 进行仿真：将 ROM 输出的数

据显示为连续波形，将数据格式设置为无符号数。对正弦波的测试结果如图 8.37 所示；对定义波形的测试结果如图 8.38 所示。

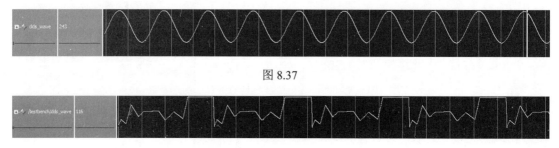

图 8.37

图 8.38

从仿真波形中可以清楚地看到，测试结果与之前的预想完全相同，这就说明本实例的设计正确。

8.6 蜂鸣器实战演练

蜂鸣器是一种常用于板卡中，起到警示作用的发声装置。根据内部工作原理的不同，蜂鸣器可分为电压式蜂鸣器和电磁式蜂鸣器。

- 电压式蜂鸣器：内部有一个多谐共振装置，可以产生振动波，以便控制电压蜂鸣片发声。因为其内部可以自动产生振动，所以电压式蜂鸣器又被称为有源蜂鸣器。
- 电磁式蜂鸣器：内部无多谐共振装置，通过外部提供方波振动信号的方式驱动电磁线圈，由电磁线圈产生相应的磁场，从而在磁场和磁铁的共同作用下使得蜂鸣片发出不同的声音。因为其内部无多谐共振装置，所以电磁式蜂鸣器又被称为无源蜂鸣器。

8.6.1 设计原理

由人的口腔发出的声音是一种振动的波，振动频率（耳朵可听见的范围）一般为 200Hz~2000Hz。按照声音的振动频率可将声音分为低频（小于 500Hz）、中频（大于等于 501Hz，小于 1000Hz）、高频（大于等于 1001Hz，小于 2000Hz）。如果由人的口腔发出的声音与音乐相关，则将这种振动称为音阶。

通常情况下，把由人的口腔发出的与音乐相关的振动划分为 3 个音阶（低音、中音、高音），每个音阶又划分为 7 个小音阶，即 do（1）、re（2）、mi（3）、fa（4）、sol（5）、la（6）、si（7）。对其说明如表 8.16 所示。

每个小音阶的振动时间（时长）用节拍表示。例如，一个节拍大约用时 0.5s，一个节拍包括 4 个小音阶，因此每个小音阶的振动时间为 1/4*0.5s，称之为 4 分音符。除此之外，还有 8 分音符、16 分音符等。在这里只讨论 4 分音符。

表 8.16

低音	振动频率（Hz）	中音	振动频率（Hz）	高音	振动频率（Hz）
低 1	261.63	中 1	532.25	高 1	1046.5
低 2	293.67	中 2	587.33	高 2	1174.66
低 3	329.63	中 3	659.25	高 3	1318.51
低 4	349.23	中 4	698.46	高 4	1396.92
低 5	391.99	中 5	783.99	高 5	1567.98
低 6	440	中 6	880	高 6	1760
低 7	493.88	中 7	987.76	高 7	1975.52

假设在本实例中，data 表示音乐数据（只支持 4 分音符的歌曲），data[7:0]表示小音阶，data[3:0]表示音阶，data[7:0]表示时长。

通过以上设计可知，由 FPGA 播放的音乐数据表示方法如表 8.17 所示。

表 8.17

小音阶 data[7:0]	说明	音阶 Data[3:0]	说明	时长 Data[7:0]	说明
0	休止	1	低音	0（000）	1/4*0.5s
1	do	2	中音	1（001）	2/4*0.5s
2	re	3	高音	2（010）	3/4*0.5s
3	mi	0	休止	3（011）	4/4*0.5s
4	fa			4（100）	5/4*0.5s
5	sol			5（101）	6/4*0.5s
6	la			6（110）	7/4*0.5s
7	si			7（111）	8/4*0.5s

8.6.2　数据生成

下面将根据如图 8.39 所示的简谱生成《世上只有妈妈好》的音乐数据。

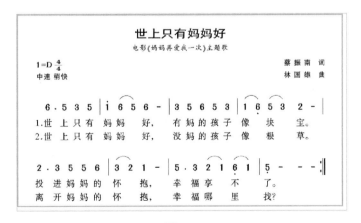

图 8.39

将以上简谱按照 FPGA 播放的音乐数据表示方法转换为 8 位数据，并保存在 ".mif" 文件中。".mif" 文件中的内容如下。

```
-- Copyright (C) 2018 Intel Corporation. All rights reserved.
-- Your use of Intel Corporation's design tools, logic functions
-- and other software and tools, and its AMPP partner logic
-- functions, and any output files from any of the foregoing
-- (including device programming or simulation files), and any
-- associated documentation or information are expressly subject
-- to the terms and conditions of the Intel Program License
-- Subscription Agreement, the Intel Quartus Prime License Agreement,
-- the Intel FPGA IP License Agreement, or other applicable license
-- agreement, including, without limitation, that your use is for
-- the sole purpose of programming logic devices manufactured by
-- Intel and sold by Intel or its authorized distributors.  Please
-- refer to the applicable agreement for further details.

-- Quartus Prime generated Memory Initialization File (.mif)

WIDTH=8;
DEPTH=1024;

ADDRESS_RADIX=UNS;
DATA_RADIX=BIN;

CONTENT BEGIN
0:10110110;
1:01110101;
2:01110011;
3:01110101;

4:01111001;
5:01110110;
6:01110101;
7:10010110;

8:01110011;
9:01110101;
10:01110110;
11:01110101;
12:01110011;

13:01110001;
14:01101110;
15:01110101;
16:01110011;
17:10010010;

18:10110010;
19:01110011;
20:01110101;
```

```
21:01110101;
22:01110110;

23:01110011;
24:01110010;
25:10010001;

26:10110101;
27:01110011;
28:01110010;
29:01110001;
30:01101110;
31:01110001;

32:11001101;
[33.1023]:00000000;
END;
```

8.6.3　系统架构

系统顶层模块（music_play）的系统框架如图 8.40 所示。

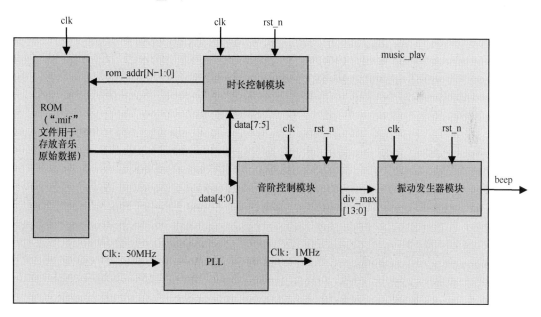

图 8.40

8.6.4　代码说明

1. 时长控制模块的程序设计

时长控制模块的代码如下。

```
/*******************************************************
*   Engineer          :小芯
*   QQ               :1510913608
*   E_mail            :zxopenhl@126.com
*   The module function:时长控制模块
*******************************************************/
00 module mtlenth
01    (
02        input clk,                          //系统时钟，1MHz
03        input rst_n,                        //系统复位
04        input [2:0]data,
05        output reg [9:0]rom_addr//默认 1024
06    );
07
08    reg [19:0]tm_max;
09    always @(posedge clk or negedge rst_n)
10    if(~rst_n)
11        tm_max<=20'd0;
12    else case(data)
13        3'd0: tm_max<=(20'd125000-1'b1);     ///1/4*0.5
14        3'd1: tm_max<=(20'd250000-1'b1);     ///2/4*0.5
15        3'd2: tm_max<=(20'd375000-1'b1);     ///3/4*0.5
16        3'd3: tm_max<=(20'd500000-1'b1);     ///4/4*0.5
17        3'd4: tm_max<=(20'd625000-1'b1);     ///5/4*0.5
18        3'd5: tm_max<=(20'd750000-1'b1);     ///6/4*0.5
19        3'd6: tm_max<=(20'd875000-1'b1);     ///7/4*0.5
20        3'd7: tm_max<=(20'd1000000-1'b1);    ///8/4*0.5
21        default:tm_max<=tm_max;
22    endcase
23
24    reg [19:0] tm_cnt;
25    always @(posedge clk or negedge rst_n)
26    if(~rst_n)
27        tm_cnt<=20'd0;
28    else if(tm_cnt==tm_max)
29        tm_cnt<=20'd0;
30    else
31        tm_cnt<=tm_cnt+1'b1;
32    always @(posedge clk or negedge rst_n)
33    if(~rst_n)
34        rom_addr<=10'd0;
35    else if(tm_cnt==tm_max)
36        begin
37            if(rom_addr==10'd32)
38                rom_addr<=10'd0;
39            else
40                rom_addr<=rom_addr+1'b1;
41        end
42 endmodule
```

2. 音阶控制模块的程序设计

音阶控制模块的代码如下。

```
/***************************************************
 *      Engineer         :小芯
 *      QQ               :1510913608
 *      E_mail           :zxopenhl@126.com
 *      The module function:音阶控制模块
 ***************************************************/
00 module mwavectl
01     (
02          input clk,//系统时钟，1MHz
03          input rst_n,//系统复位
04          input [4:0]data,//data[4:0]
05          output reg [10:0]wave_cnt_max//
06     );
07
08     always @(posedge clk or negedge rst_n)
09     if(~rst_n)
10          wave_cnt_max<=11'd0;
11     else case(data)
12          5'b01_001:wave_cnt_max<=11'd1911;//((1MHz/261.63Hz)/2)=1191低音1
13          5'b01_010:wave_cnt_max<=11'd1702;    //293.67Hz
14          5'b01_011:wave_cnt_max<=11'd1517;    //329.63Hz
15          5'b01_100:wave_cnt_max<=11'd1431;    //349.23Hz
16          5'b01_101:wave_cnt_max<=11'd1276;    //391.99Hz
17          5'b01_110:wave_cnt_max<=11'd1136;    //440.00Hz
18          5'b01_111:wave_cnt_max<=11'd1012;    //493.88Hz
19          5'b10_001:wave_cnt_max<=11'd939;     //532.25Hz
20          5'b10_010:wave_cnt_max<=11'd851;     //587.33Hz
21          5'b10_011:wave_cnt_max<=11'd758;     //659.25Hz
22          5'b10_100:wave_cnt_max<=11'd716;     //698.46Hz
23          5'b10_101:wave_cnt_max<=11'd638;     //783.99Hz
24          5'b10_110:wave_cnt_max<=11'd568;     //880.00Hz
25          5'b10_111:wave_cnt_max<=11'd506;     //987.76Hz
26          5'b11_001:wave_cnt_max<=11'd478;     //1046.50Hz
27          5'b11_010:wave_cnt_max<=11'd425;     //1174.66Hz
28          5'b11_011:wave_cnt_max<=11'd379;     //1318.51Hz
29          5'b11_100:wave_cnt_max<=11'd358;     //1396.51Hz
30          5'b11_101:wave_cnt_max<=11'd319;     //1567.98Hz
31          5'b11_110:wave_cnt_max<=11'd284;     //1760.00Hz
32          5'b11_111:wave_cnt_max<=11'd253;     //1975.52Hz
33          default:wave_cnt_max<=11'd0;         //0Hz,停止节拍
34     endcase
35 endmodule
```

3. 振动发生器模块的程序设计

振动发生器模块的代码如下。

```
/************************************************
 *    Engineer          :小芯
 *    QQ                :1510913608
 *    E_mail            :zxopenhl@126.com
 *    The module function:振动发生器模块
 *************************************************/
00 module wave_gen
01    (
02        input clk,
03        input rst_n,
04        input [10:0]wave_cnt_max,
05        output reg been
06    );
07
08    reg [10:0] div_cnt;
09    always @(posedge clk or negedge rst_n)
10    if(~rst_n)
11        div_cnt<=0;
12    else if(div_cnt==wave_cnt_max)
13        div_cnt<=0;
14    else
15        div_cnt<=div_cnt+1'b1;
16    always @(posedge clk or negedge rst_n)
17    if(~rst_n)
18        been<=1'b0;
19    else if(wave_cnt_max==11'd0)
20        been<=1'b0;
21    else if(div_cnt==wave_cnt_max)
22        been<=~been;
23 endmodule
```

4. PLL 和 ROM 的设置

设置 PLL 的操作步骤如下。

❶ 打开 IP Catalog 界面，依次单击 "Library→Basic Functions→Clocks;PLLs and Resets→PLL→ALTPLL"，找到锁相环所在的位置；也可在 IP Catalog 搜索框中输入 PLL 进行查找，如图 8.41 所示。

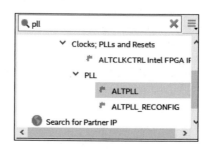

图 8.41

❷ 在弹出的 Save IP Variation 对话框中，为 IP 核命名（在这里将 IP 核命名为 pll），选中 Verilog 单选按钮。单击 OK 按钮后，系统将进入 PLL 的设置向导，如图 8.42 所示。

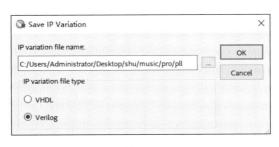

图 8.42

❸ 在图 8.43 中输入时钟频率（系统时钟频率或外部时钟频率）。由于开发板的系统时钟频率为 50MHz，因此输入时钟频率 50MHz。

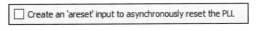

图 8.43

❹ 取消勾选 Create an 'areset' input to asynchronously reset the PLL 复选框，如图 8.44 所示。

图 8.44

❺ 在图 8.45 中选中 Enter output clock frequency 单选按钮，输入想要输出的时钟频率（在这里输入 1MHz）。

图 8.45

❻ 其余参数一律采用默认值，这里不再赘述。

设置 ROM 的操作步骤如下。

❶ 在 IP 核搜索区中输入 rom，即可找到 "ROM:1-PORT" 选项，双击该选项，如图 8.46 所示。

小芯温馨提示

在这里使用的是单端口 ROM，若对双端口 ROM 感兴趣，可自行调用，这里不再赘述。

❷ 在弹出的 Save IP Variation 对话框中，选中 Verilog 单选按钮（选择语言类型为 Verilog），并为该 IP 核命名（在这里将 IP 核命名为 rom），如图 8.47 所示。单击 OK 按钮。

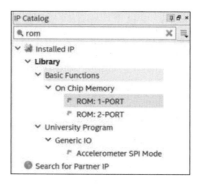

图 8.46

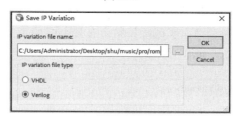

图 8.47

❸ 此时将进入 ROM 的设置向导：设置深度和位宽。在这里将深度设置为 1024words，位宽为 8bits，如图 8.48 所示。

图 8.48

❹ 其余参数一律保持默认值。进入如图 8.49 所示的界面，单击 Browse 按钮，找到之前创建的 ".mif" 文件，将其添加进来即可。

图 8.49

5. 系统顶层模块的程序设计

系统顶层模块的代码如下。

```
/************************************************
 *    Engineer         :小芯
 *    QQ               :1510913608
 *    E_mail           :zxopenhl@126.com
 *    The module function:系统顶层模块
 ************************************************/
00 module music_play
01    (
02        input clk_50MHz,              //系统时钟, 1MHz
03        output  been
```

```
04        );
05
06        wire clk_1MHz;
07        wire [7:0] data;
08        wire [9:0] rom_addr;
09        wire [10:0] wave_cnt_max;
10        wire rst_n;
11
12        pll  pll_ins
13        (
14            .inclk0(clk_50MHz),
15            .c0(clk_1MHz),
16            .locked(rst_n)
17        );
18
19        rom  rom_ins
20        (
21            .address(rom_addr),
22            .clock(clk_1MHz),
23            .q(data)
24        );
25
26        mtlenth mtlenth_ins
27        (
28            .clk(clk_1MHz),           //系统时钟，1MHz
29            .rst_n(rst_n),            //系统复位
30            .data(data[7:5]),         //data[7:5]
31            .rom_addr(rom_addr)       //默认 1024
32        );
33
34        mwavectl mwavectl_ins
35        (
36            .clk(clk_1MHz),           //系统时钟，1MHz
37            .rst_n(rst_n),            //系统复位
38            .data(data[4:0]),         //data[4:0]
39            .wave_cnt_max(wave_cnt_max)
40        );
41
42        wave_gen wave_gen_ins
43        (
44            .clk(clk_1MHz),
45            .rst_n(rst_n),
46            .wave_cnt_max(wave_cnt_max),
47            .been(been)
48        );
49
50 endmodule
```

在编写完代码之后，可查看 RTL 视图，以便判断通过编写代码得到的电路和之前设计的系统框架是否一致，并进行仿真分析，这里不再赘述。

8.7 I²C 实战演练

I²C 是 Philips 公司开发的一种二线制串行总线，采用源同步的主从设计，用于两个器件之间的信息传递。在标准模式下，I²C 的传输速率为 0～100kbit/s；在快速模式下，I²C 的传输速率可达到 400kbit/s。对 I²C 中的总线信号说明如表 8.18 所示。

表 8.18

总线信号	方向	描述
scl	从从机输入，从主机输出	用于与 sda 数据同步
sda	双向	总线的数据线

8.7.1 设计原理

对 I²C 的工作过程说明如下。

❶ 空闲：当总线两端不通信时，sda 和 scl 均保持高电平，因此，一般会在主机端添加一个上拉电阻。

❷ 信息开始传递：I²C 采用主从传输模式，即完全由主机控制信息传递，无论读数据或写数据，都由主机发起请求。当需要通过 I²C 传递信息时，可在 scl 处于高电平期间由 sda 产生一个下降沿，表示信息开始传递，如图 8.50 所示。在信息传递的过程中，允许 sda 变化，如图 8.51 所示。

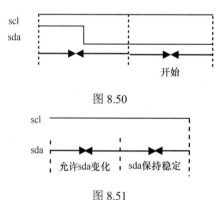

图 8.50

图 8.51

❸ 信息结束传递：当主机不需要通过 I²C 与从机进行信息传递时，主机会令 scl 保持高电平，并由 sda 产生一个上升沿，之后进入空闲状态，如图 8.52 所示。

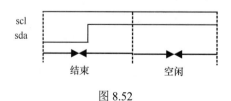

图 8.52

小芯温馨提示

I²C 为可靠传输，即每传输一个字节的信息，主机就需要为信息接收者预留一个用于响应的时钟周期。信息发送者在传输信息后将释放总线，信息接收者在收到发送的信息后将 sda 置于低电平，以此表示接收完毕。

8.7.2　系统架构

在本实例中，FPGA 通过 I²C 控制 24LC64 芯片：首先，向 24LC64 芯片中的固定地址写入一个字节的测试数据；然后，从固定地址读出写入的数据，通过判断读出的数据是否与之前写入的测试数据相同来验证程序的正确性。

小芯温馨提示

24LC64 芯片为 EEPROM，可在其中写入数据，即便掉电，数据也不会丢失。

本实例的系统架构如图 8.53 所示。

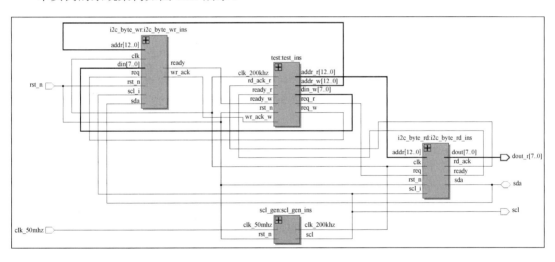

图 8.53

8.7.3　代码说明

1. I²C 工作时钟模块（scl_gen 模块）的程序设计

I²C 工作时钟模块（scl_gen 模块）的代码如下。

```
/***********************************************************
 *      Engineer       :小芯
 *      QQ             :1510913608
 *      E_mail         :zxopenhl@126.com
```

```
 *   The module function:I²C 工作时钟模块
 ***********************************************************/
00 module scl_gen
01    (
02        input clk_50MHz,
03        input rst_n,
04        output reg clk_200kHz,
05        output reg scl
06    );
07
08    reg [6:0] div_cnt;
09    always @ (posedge clk_50MHz or negedge rst_n)
10    if(~rst_n)
11        div_cnt<=7'd0;
12    else if(div_cnt==(((50000/200)/2)-1'b1))
13        div_cnt<=7'd0;
14    else
15        div_cnt<=div_cnt+1'b1;
16
17    always @ (posedge clk_50MHz or negedge rst_n)
18    if(~rst_n)
19        clk_200kHz<=1'b0;
20    else if(div_cnt==(((50000/200)/2)-1'b1))
21        clk_200kHz<=~clk_200kHz;
22
23    always @ (negedge clk_200kHz or negedge rst_n)
24    if(~rst_n)
25        scl<=1'b0;
26    else
27        scl<=~scl;
28
29 endmodule
```

2. 写模块（i2c_byte_wr 模块）的程序设计

写模块（i2c_byte_wr 模块）的代码如下。

```
/***********************************************************
 *   Engineer              :小芯
 *   QQ                    :1510913608
 *   E_mail                :zxopenhl@126.com
 *   The module function:写模块
 ***********************************************************/
00 module i2c_byte_wr
01    (
02        input clk,
03        input rst_n,
04        output ready,
05        input req,
06        output reg wr_ack,
07        input [12:0]addr,
```

```
08          input [7:0]din,
09          input scl_i,
10          inout sda
11      );
12
13      reg sda_link,sda_r;
14      reg [12:0] adr_r;
15      reg [4:0] mainst;
16      reg [7:0] wr_data;
17      reg [3:0] counter;
18
19      assign sda=sda_link?sda_r:1'bz;
20      parameter IDLE=5'd0,
21      WRSTART=5'd1,
22      WRCB=5'd2,
23      ACKWRCB=5'd3,
24      WRADRH=5'd4,
25      ACKADRH=5'd5,
26      WRADRL=5'd6,
27      ACKADRL=5'd7,
28      WRDDATA=5'd8,
29      ACKWR =5'd9,
30      STOP=5'd10;
31      /*******************************************************************
32      应答信号、写入存储芯片的数据寄存，以及地址寄存
33      *****************************************************************/
34      reg wr_ack_r;
35      always @(posedge clk or negedge rst_n)
36      if(~rst_n)
37          begin
38              wr_ack<=1'b0;
39              wr_ack_r<=1'b0;
40              wr_data<='d0;
41              adr_r<='d0;end
42      else
43          begin
44              wr_ack_r<=wr_ack;
45              if((mainst==WRDDATA)&(counter=='d7)&(~scl_i))
46                  wr_ack<=1'b1;
47              else
48                  wr_ack<=1'b0;
49              if(wr_ack_r|req)
50                  wr_data<=din;
51              if(req)
52                  adr_r<=addr;
53          end
54      /*********************************************************
55      main state
56      *********************************************************/
57      `define JumpH  scl_i
```

```
58    `define JumpL ~scl_i
59    always @ (posedge clk or negedge rst_n)
60    if(rst_n==1'b0)
61        mainst<=IDLE;
62    else case(mainst)
63      IDLE:if(req)
64          mainst<=WRSTART;
65      //----start----------------------
66      WRSTART:if(`JumpH)
67          mainst<=WRCB;
68      //----control word---------------
69      WRCB:if(`JumpL)
70          if(counter==4'd8)
71              begin
72                  mainst<=ACKWRCB;
73                  counter<='d0;
74              end
75          else
76              counter<=counter+1'b1;
77      ACKWRCB:if((sda==1'b0)&(`JumpH))
78          mainst<=WRADRH;
79          else
80          mainst<=IDLE;
81
82          //----hign addr----------
83          WRADRH:if(`JumpL)
84              if(counter==4'd8)
85                  begin
86                      mainst<=ACKADRH;
87                      counter<='d0;
88                  end
89              else
90                  counter<=counter+1'b1;
91      ACKADRH:if((sda==1'b0)&(`JumpH))
92              mainst<=WRADRL;
93              else
94              mainst<=IDLE;
95
96          //----low addr------------------
97          WRADRL:if(`JumpL)
98              if(counter==4'd8)
99                  begin
100                     mainst<=ACKADRL;
101                     counter<='d0;
102                 end
103             else
104                 counter<=counter+1'b1;
105         ACKADRL:if((sda==1'b0)&(`JumpH))
106                 begin
107                     mainst<=WRDDATA;
```

```
108                      end
109                 else
110                      mainst<=IDLE;
111
112                 //-------write data--------------
113             WRDDATA:if(`JumpL)
114                 if(counter==4'd8)
115                     begin
116                         mainst<=ACKWR;
117                         counter<='d0;
118                     end
119                 else
120                     counter<=counter+1'b1;
121             ACKWR:if((sda==1'b0)&(`JumpH))
122                     mainst<=STOP;
123                 else
124                     mainst<=IDLE;
125
126             //-------write 停止-----
127             STOP:if(`JumpH)
128                     mainst<=IDLE;
129             default:mainst<=IDLE;
130         endcase
131
132     /****************************************************
133    {byte write -page wite} { byte  read-page read}
134    ****************************************************/
135    always @(posedge clk or  negedge rst_n)
136    if(rst_n==1'b0)
137        i2c_idle;
138    else
139         case(mainst)
140             IDLE:i2c_idle;
141             WRSTART:mark(2'b10);
142             WRCB:if(scl_i==1'b0)   write8(8'b10100000);
143             WRADRH:if(scl_i==1'b0) write8({3'b000,adr_r[12:8]});
144             //write8(8'h5a);//write8(3'b000,adr_r[12:8]);
145             WRADRL:if(~scl_i) write8(adr_r[7:0]);
146             //write8(8'b0101_0101);//write8(adr_r[7:0]);
147             WRDDATA:
148                 if(~scl_i)
149                     write8(wr_data);
150             //write8(8'h46);
151             //write8(wr_data);
152             STOP:mark(2'b01);
153             default:i2c_idle;
154         endcase
155    assign ready=(mainst==IDLE);
156    task write8;
157        input [7:0]wr_data;
```

```
158        begin:
159            Write_EEPTOM_Parallel_Transformation_Serial_8bit_to_1bit_Process
160            case(counter)
161                'd0:begin sda_r<=wr_data[7];sda_link<=1'b1;end
162                'd1:begin sda_r<=wr_data[6];sda_link<=1'b1;end
163                'd2:begin sda_r<=wr_data[5];sda_link<=1'b1;end
164                'd3:begin sda_r<=wr_data[4];sda_link<=1'b1;end
165                'd4:begin sda_r<=wr_data[3];sda_link<=1'b1;end
166                'd5:begin sda_r<=wr_data[2];sda_link<=1'b1;end
167                'd6:begin sda_r<=wr_data[1];sda_link<=1'b1;end
168                'd7:begin sda_r<=wr_data[0];sda_link<=1'b1;end
169                'd8:begin sda_r<=1'bx;sda_link<=1'b0;end
170                default:sda_r<=sda_r;
171            endcase
172        end
173    endtask
174    task mark;
175        input [1:0]wr_data;
176        begin:I2C_Mast_Write_start_or_stop_bit_Process
177            if(~scl_i)
178                begin
179                    sda_link<=1'b1;
180                    sda_r<=wr_data[1];end
181            else
182                begin
183                    sda_link<=1'b1;
184                    sda_r<=wr_data[0];
185                end
186        end
187    endtask
188    task i2c_idle;
189        begin
190            sda_link<=1'b0;
191            sda_r<=1'b1;
192        end
193    endtask
194
195 endmodule
```

3. 读模块（i2c_byte_rd 模块）的程序设计

读模块（i2c_byte_rd 模块）的代码如下。

```
/***************************************************
 *   Engineer           :小芯
 *   QQ                 :1510913608
 *   E_mail             :zxopenhl@126.com
 *   The module function:读模块
 ***************************************************/
00 module i2c_byte_rd
```

```
01      (
02          input clk,
03          input rst_n,
04          output ready,
05          input req,
06          output reg rd_ack,
07          input [12:0]addr,
08          output reg [7:0]dout,
09          input scl_i,
10          inout sda
11      );
12
13      reg sda_r;
14      reg sda_link;
15      assign sda=sda_link?sda_r:1'Hz;
16      reg [12:0] adr_r;
17      reg [4:0] mainst;
18      reg [7:0] wr_data,rd_data;
19      reg [3:0] counter;
20      parameter IDLE=5'd0,
21      WRSTART=5'd1,
22      WRCB=5'd2,
23      ACKWRCB=5'd3,
24      WRADRH=5'd4,
25      ACKADRH=5'd5,
26      WRADRL=5'd6,
27      ACKADRL=5'd7,
28      RDSTART=5'd8,
29      RDCB=5'd9,
30      ACKRDCB=5'd10,
31      RDDATA=5'd11,
32      ACKRD=5'd12,
33      STOP=5'd13;
34      /**************************************************************
35      main deal
36      **************************************************************/
37      always @(posedge clk or negedge rst_n)
38      if(~rst_n)
39          adr_r<='d0;
40      else if(req)
41          adr_r<=addr;
42      always @(posedge clk or negedge rst_n)
43          if(~rst_n)
44              begin
45                  rd_ack<=1'b0;
46                  dout<='d0;
47              end
48          else if((mainst==ACKRD)&scl_i)
```

```
49          begin
50              rd_ack<=1'b1;
51              dout<=rd_data;
52          end
53      else
54          begin
55              rd_ack<=1'b0;
56              dout<=dout;
57          end
58  /*****************************************************************
59  main state
60  *****************************************************************/
61  `define JumpH  scl_i
62  `define JumpL  ~scl_i
63  always @(posedge clk or negedge rst_n)
64  if(rst_n==1'b0)
65      mainst<=IDLE;
66  else
67      case(mainst)
68          IDLE:if(req)
69              mainst<=WRSTART;
70          //----start------------------------------------
71          WRSTART:if(`JumpH)
72              mainst<=WRCB;
73          //----control word-----------------------------
74          WRCB:if(`JumpL)
75              if(counter==4'd8)
76                  begin
77                      mainst<=ACKWRCB;
78                      counter<='d0;
79                  end
80              else
81                  counter<=counter+1'b1;
82          ACKWRCB:if((sda==1'b0)&(`JumpH))mainst<=WRADRH;
83              else
84                  mainst<=IDLE;
85          //----hign addr--------------------------------
86          WRADRH:if(`JumpL)
87              if(counter==4'd8)
88                  begin
89                      mainst<=ACKADRH;
90                      counter<='d0;
91                  end
92              else
93                  counter<=counter+1'b1;
94          ACKADRH:if((sda==1'b0)&(`JumpH)) mainst<=WRADRL;
95              else
96                  mainst<=IDLE;
```

```
97              //----low addr------------------------------
98              WRADRL:if(`JumpL)
99                  if(counter==4'd8)
100                     begin
101                        mainst<=ACKADRL;
102                        counter<='d0;
103                     end
104                  else
105                     counter<=counter+1'b1;
106              ACKADRL:if((sda==1'b0)&(`JumpH)) mainst<=RDSTART;
107                  else
108                     mainst<=IDLE;
109              //------------read start--------------------
110              RDSTART:if(`JumpH)
111                  mainst<=RDCB;
112              //----read control word----------------------------
113              RDCB:if(`JumpL)
114                  if(counter==4'd8)
115                     begin
116                        mainst<=ACKRDCB;
117                        counter<='d0;
118                     end
119                  else
120                     counter<=counter+1'b1;
121              ACKRDCB:if((sda==1'b0)&(`JumpH)) mainst<=RDDATA;
122              //----read data--------------------------------
123              RDDATA:if(`JumpH)
124                  if(counter==4'd7)
125                     begin
126                        mainst<=ACKRD;
127                        counter<='d0;
128                     end
129                  else
130                     counter<=counter+1'b1;
131              ACKRD:if(`JumpH) mainst<=STOP;
132              STOP:if(`JumpH) mainst<=IDLE;
133              default:mainst<=IDLE;
134          endcase
135  /*******************************************************************
136  {byte write -page wite} { byte  read-page read}
137  ******************************************************/
138  always @(posedge clk or  negedge rst_n)
139  if(rst_n==1'b0)
140      begin
141          rd_data <='d0;
142          i2c_idle;
143      end
144  else
```

```
145          case(mainst)
146              IDLE:i2c_idle;
147              WRSTART:mark(2'b10);
148              WRCB:if(scl_i==1'b0) write8(8'b10100000);
149              WRADRH:if(scl_i==1'b0) write8({3'b000,adr_r[12:8]});
150              //write8(8'h5a);
151              //write8(3'b000,adr_r[12:8]);
152              WRADRL:if(~scl_i) write8(adr_r[7:0]);
153              //write8(8'b0101_0101);//write8(adr_r[7:0]);
154              RDSTART:mark(2'b10);
155              RDCB:if(~scl_i)write8(8'b10100001);
156              RDDATA:if(scl_i)read8;
157              ACKRD:write_ack;
158              STOP:mark(2'b01);
159              default:begin i2c_idle;rd_data <=rd_data;end
160          endcase
161      assign ready=(mainst==IDLE);
162      task write8;
163          input [7:0]wr_data;
164          begin:Write_EEPTOM_Parallel_Transformation_
165              Serial_8bit_to_1bit_Process
166              case(counter)
167                  'd0:begin sda_r<=wr_data[7];sda_link<=1'b1;end
168                  'd1:begin sda_r<=wr_data[6];sda_link<=1'b1;end
169                  'd2:begin sda_r<=wr_data[5];sda_link<=1'b1;end
170                  'd3:begin sda_r<=wr_data[4];sda_link<=1'b1;end
171                  'd4:begin sda_r<=wr_data[3];sda_link<=1'b1;end
172                  'd5:begin sda_r<=wr_data[2];sda_link<=1'b1;end
173                  'd6:begin sda_r<=wr_data[1];sda_link<=1'b1;end
174                  'd7:begin sda_r<=wr_data[0];sda_link<=1'b1;end
175                  'd8:begin sda_r<=1'bx;sda_link<=1'b0;end
176                  default:sda_r<=sda_r;
177              endcase
178          end
179      endtask
180
181      task read8;
182          begin:
183              Read_EEPTOM_Serial_Transformation_Parallel_1bit_to_8bit_Process
184              sda_link<=1'b0;
185              rd_data <={rd_data[6:0],sda};
186          end
187      endtask
188
189      task mark;
190          input [1:0]wr_data;
191          begin:I2C_Mast_Write_start_or_stop_bit_Process
192              if(~scl_i)
```

```
193              begin sda_link<=1'b1;sda_r<=wr_data[1];end
194        else
195              begin sda_link<=1'b1;sda_r<=wr_data[0];end
196      end
197    endtask
198
199    task i2c_idle;
200      begin
201        sda_link<=1'b0;
202        sda_r<=1'b1;
203      end
204    endtask
205
206    task write_ack;
207      begin:Mast_Sent_ACK_to_Slave_Process
208        sda_link<=1'b1;
209        sda_r<=1'b0;
210      end
211    endtask
212
213 endmodule
```

4. 测试模块（test 模块）的程序设计

测试模块（test 模块）的代码如下。

```
/****************************************************
 *   Engineer          :小芯
 *   QQ                :1510913608
 *   E_mail            :zxopenhl@126.com
 *   The module function:测试模块
 ****************************************************/
00 module test
01 (
02      input clk_200kHz,
03      input rst_n,
04
05      input              ready_w,
06      output  reg      req_w,
07      input              wr_ack_w,
08      output  reg [12:0] addr_w,
09      output  reg [7:0]  din_w,
10      input              ready_r,
11      output  reg      req_r,
12      input              rd_ack_r,
13      output  reg [12:0]addr_r
14);
15
16 //先写入数据，然后从同一地址读取数据
```

```
17 parameter WRITE_READY=3'd0,
18          WRITE_OK  =3'd1,
19          READ_READY=3'd2,
20          READ_OK   =3'd3,
21          ADDR_INC  =3'd4;
22 reg [2:0]state;
23 always @(posedge clk_200kHz  or negedge rst_n)
24    if(~rst_n)begin
25          req_w<=1'b0;
26          addr_w<=13'd0;
27          din_w<=8'd0;
28          req_r<=1'b0;
29          addr_r<=13'd0;
30          state<=WRITE_READY;end
31    else case(state)
32          WRITE_READY:begin
33                      if(ready_w)
34                          state<=WRITE_OK;
35                      if(ready_w)
36                          req_w<=1'b1;
37                      if(ready_w)
38                          din_w<=din_w+1'b1;
39                      end
40          WRITE_OK:begin
41                      if(wr_ack_w)
42                          state<=READ_READY;
43
44                      if(wr_ack_w)
45                          req_w<=1'b0;
46                      end
47          READ_READY:begin
48                      addr_r<=addr_w;
49                      if(ready_r)
50                          state<=READ_OK;
51                      if(ready_r)
52                          req_r<=1'b1;
53                      end
54          READ_OK:begin
55                      if(rd_ack_r)
56                          state<=ADDR_INC;
57
58                      if(rd_ack_r)
59                          req_r<=1'b0;
60                      end
61          ADDR_INC:   begin
62                      state<=WRITE_READY;
63                      addr_w<=addr_w+1'b1;end
64          default:state<=WRITE_READY;
```

```
65        endcase
66
67 endmodule
```

5. 系统顶层模块（**i2c_top** 模块）的程序设计

系统顶层模块（i2c_top 模块）的代码如下。

```
/*****************************************************
 *   Engineer            :小芯
 *   QQ                  :1510913608
 *   E_mail              :zxopenhl@126.com
 *   The module function:系统顶层模块
 *****************************************************/
00 //i2c 字节读写测试
01 module i2c_top
02    (
03        input clk_50MHz,
04        input rst_n,
05        input sda,
06        output scl,
07        output [7:0 ]dout_r
08    );
09
10    wire clk_200kHz,scl_r;
11    scl_gen scl_gen_ins
12    (
13        .clk_50MHz(clk_50MHz),
14        .rst_n(rst_n),
15        .clk_200kHz(clk_200kHz),
16        .scl(scl_r)
17    );
18
19    assign scl=scl_r;
20    wire ready_w;
21    wire req_w;
22    wire wr_ack_w;
23    wire[12:0] addr_w;
24    wire[7:0] din_w;
25    wire ready_r;
26    wire req_r;
27    wire rd_ack_r;
28    wire [12:0] addr_r;
39
30    test test_ins
31    (
32        .clk_200kHz(clk_200kHz),
```

```
33          .rst_n(rst_n),
34          .ready_w(ready_w),
35          .req_w(req_w),
36          .wr_ack_w(wr_ack_w),
37          .addr_w(addr_w),
38          .din_w(din_w),
39          .ready_r(ready_r),
40          .req_r(req_r),
41          .rd_ack_r(rd_ack_r),
42          .addr_r(addr_r)
43      );
44
45      i2c_byte_wr i2c_byte_wr_ins
46      (
47          .clk(clk_200kHz),
48          .rst_n(rst_n),
49          .ready(ready_w),
50          .req(req_w),
51          .wr_ack(wr_ack_w),
52          .addr(addr_w),
53          .din(din_w),
54          .scl_i(scl_r),
55          .sda(sda)
56      );
57
58      i2c_byte_rd i2c_byte_rd_ins
59      (
60          .clk(clk_200kHz),
61          .rst_n(rst_n),
62          .ready(ready_r),
63          .req(req_r),
64          .rd_ack(rd_ack_r),
65          .addr(addr_r),
66          .dout(dout_r),
67          .scl_i(scl_r),
68          .sda(sda)
69      );
70
71  endmodule
```

8.7.4　仿真分析

在程序编写完成后，可通过仿真分析对程序进行验证：先向一个固定地址写入数据，然后将其读出，如果读出的数据和写入数据相同，则说明程序编写正确，否则程序有误。

即便程序在 FPGA 内部运行，也可通过嵌入式逻辑分析仪（Signal Tap Logic Analyzer）查看内部信号，操作步骤如下。

❶ 打开 Quartus 软件，选择 "Tools→Signal Tap Logic Analyzer"，即可调用 Signal Tap Logic Analyzer。

❷ 打开 Node Finder 对话框，将待观测的信号加入右侧的列表框中，如图 8.54 所示。

图 8.54

❸ 打开 Signal Configuration 对话框，设置采样时钟为 clk_200khz，如图 8.55 所示。

图 8.55

❹ 将嵌入式逻辑分析仪的设置文件保存为 ".sof" 文件并添加到工程中，生成下载文件 my_i2c.sof，如图 8.56 所示。

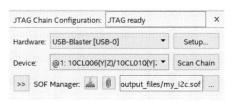

图 8.56

❺ 运行嵌入式逻辑分析仪，其运行界面和仿真工具的运行界面类似。观察读出数据与写入数据是否一致，如图 8.57 所示。

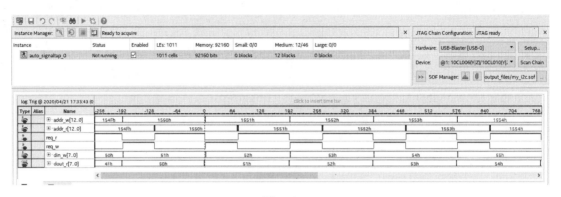

图 8.57